PCB

数控系统PCB可靠性
试验及其统计分析

Reliability Test and Statistical Analysis
of CNC PCB

解传宁 ◎ 著

吉林大学
· 长春 ·
出版社

图书在版编目（CIP）数据

数控系统 PCB 可靠性试验及其统计分析 / 解传宁著 . --
长春 : 吉林大学出版社，2023.9
　ISBN 978-7-5768-2209-0

　Ⅰ . ①数… Ⅱ . ①解… Ⅲ . ①印刷电路板（材料）－可
靠性试验－研究 Ⅳ . ① TN41

　中国国家版本馆 CIP 数据核字（2023）第 195213 号

书　　　名　数控系统 PCB 可靠性试验及其统计分析
　　　　　　SHUKONG XITONG PCB KEKAOXING SHIYAN JI QI TONGJI FENXI

作　　　者　解传宁
策划编辑　杨占星
责任编辑　刘守秀
责任校对　甄志忠
装帧设计　徐占博
出版发行　吉林大学出版社
社　　　址　长春市人民大街 4059 号
邮政编码　130021
发行电话　0431-89580028/29/21
网　　　址　http://www.jlup.com.cn
电子邮箱　jldxcbs@sina.com
印　　　刷　廊坊市博林印务有限公司
开　　　本　787mm×1092mm　1/16
印　　　张　12.5
字　　　数　120 千字
版　　　次　2023 年 9 月　第 1 版
印　　　次　2023 年 9 月　第 1 次
书　　　号　ISBN 978-7-5768-2209-0
定　　　价　65.00 元

前　言

印刷电路板（PCB）作为电子元器件的载体与信号传输枢纽，不仅应用于航空、航天和航海等国防尖端工业领域，还广泛用于数控系统、自动化仪器、通信设备、计算机等工业和民用领域。因此，PCB 的质量和可靠性直接影响到电子产品甚至整个系统的质量和可靠性。现代科学技术的发展，要求 PCB 不断向高可靠性、高密度等方向发展，如何评估 PCB 在工作环境下的可靠性，目前尚缺乏相应的理论和方法。本书围绕数控系统 PCB 在工作电压、导线间距、环境温度和湿度作用下的性能变化规律，对其可靠性建模、可靠性试验、试验数据的统计分析和可靠性评估等方面进行了一定的研究，为数控系统 PCB 可靠性增长提供理论基础，同时在 PCB 绝缘防护上具有一定的指导意义，本书研究内容具有重要的工程应用意义。由此，本书的研究程序和内容简单概述如下：PCB 失效机理分析→PCB 失效特征量和失效判据分析→PCB 寿命分布模型研究→环境湿度对数控系统 PCB 绝缘失效影响分析→数控系统 PCB 湿度临界值模型构建→设计湿度应力加速寿命试验对模型进行验证→环境温度和导线间距对数控系统 PCB 绝缘寿命分析→数控系统 PCB 温度和导线间距综合作用下的加速模型的构建→设计双应力加速寿命试验对模型进行参数辨识和验证→电化学迁移失效分析→数控系统 PCB 寿命与电场强度、导线间距和偏置电压的多应力加速关系模型构建→加速性能退化试验分析→设计多应力加速性能退化试验对模型进行参数辨识和验证。

基于以上研究思路，书中系统介绍了数控系统 PCB 的可靠性研究历史与现状，对 PCB 可靠性试验和 PCB 失效研究现状等进行了分析论述，提出了数控系统 PCB 在可靠性建模与可靠性试验过程中需要解决的关键技术问题。进一步地，通过 PCB 的失效物理/化学分析，得到电化学迁移（ECM）是 PCB 绝缘失效的主要原因，ECM 会使绝缘体处于离子导电状态，绝缘体绝缘性能发生退化，继而发生短路等故障，为可靠性建模和可靠性试验提供理论支撑；同时，在数控系统 PCB 性能失效分析过程中，通过分析 PCB 性能失效特征量，确立数控系统 PCB 的失效判据，为数控系统 PCB 可靠性试验和失效分析提供依据；并且，通过数学统计分析，建立了数控系统 PCB 的寿命分布模型，为数控系统 PCB 可靠性评估奠定基础。

随着数控系统 PCB 线宽、线间距等越来越细密，绝缘距离变得更小，这对 PCB 的绝缘性能要求更高。当环境中存在一定湿度时，PCB 吸收环境中的湿气，在温度和偏置电压的作用下，极易产生 ECM 现象，造成 PCB 绝缘性能降低。通过数控系统 PCB 绝缘失效研究，得出在数控系统 PCB 绝缘失效过程中，存在导致 PCB 绝缘失效的湿度临界值，该临界值与环境温度、电压和导电图形密切相关。针对现有湿度临界值模型的应用缺陷，建立了一个以导线间距和偏置电压为影响应力的湿度临界值模型。同时，设计湿度应力加速寿命试验对模型进行验证，通过对试验数据进行统计分析，估计模型的待定参数，然后通过假设检验所构建模型的有效性，结果表明建立的模型可以很好地依据施加电压和线路间距预测引发数控系统 PCB 绝缘失效的湿度临界值，为数控系统 PCB 可靠性设计和环境安全控制提供参考依据。

数控系统 PCB 在储存和使用中会遭受多种因素（如温度、湿度、偏置电压、线路设计等）的影响，鉴于环境温度和导线间距是影响数控系统 PCB 可靠性较为重要的因素，基于数控系统 PCB 失效机理分析，探讨了温度和导线间距的综合作用对 PCB 可靠性寿命的影响，建立了数控系统 PCB 温度和导线间距综合作用下的加速模型。同时，以数控成品板为研究对象，设计了双应力加速寿命试验，通过对双应力加速寿命试验数据进行统计分析，对数控系统 PCB 可靠性统计模型进行参数辨识和模型验证。结果表明，数控系统 PCB 寿命数据服从两参数的 Weibull 分布，所建立的加速模型较好地描述了数控系统 PCB 在温度和导线间距作用下的寿命特征，为外推数控系统 PCB 在不同温度应力和导线间距下的寿命特征提供参考。

PCB 属于高可靠性长寿命的电子元器件产品，试验周期比较长，有时即使采用加速寿命试验，也会出现极少失效甚至零失效的现象，这给基于寿命数据的传统可靠性分析和评定带来了巨大困难。对此，有必要利用产品退化数据所提供的寿命信息评估产品可靠性，这是因为在某种意义上说产品失效（或故障）的发生可以认为是其性能退化引起的。目前通过研究产品的性能退化规律来评估产品可靠性是可靠性研究的一个新方向，尤其在高可靠长寿命产品的可靠性研究中具有广阔的应用前景。针对目前国内外关于电化学迁移失效时间与 PCB 导线间距和偏置电压的关系模型鲜少被研究，本书通过电化学迁移失效分析，建立了在高温 –

高湿－偏置电压环境条件下，数控系统 PCB 寿命与电场强度、导线间距和偏置电压的多应力加速关系模型。然后，基于加速性能退化试验，建立了数控系统 PCB 加速退化试验可靠性统计模型，并通过试验验证了统计模型的正确性，为数控系统 PCB 可靠性评估和可靠性增长提供模型支撑和理论依据。

本书在提高数控系统及其零部件可靠性的背景下，围绕数控系统 PCB 可靠性评估与可靠性保障问题，通过可靠性建模方法与试验技术的研究，系统地研究了 PCB 绝缘失效的退化规律，据此建立了数控系统 PCB 可靠性统计模型，给出了模型参数辨识方法。本书的研究成果，对于解决 PCB 的可靠性预测与可靠性增长具有重要的工程价值和理论意义。

由于数控系统 PCB 在复杂工作环境下失效的多样性和复杂性，笔者认识上的局限性和水平有限，书中难免存在缺点和不足，也可能会有遗漏和谬误，恳请各位专家和读者同仁批评指正！

2022 年 12 月

目　　录

第1章
数控系统 PCB 可靠性概论

印制电路板（printed circuit boards，PCB）是电子设备的载体，是电子产品的基础，不仅应用于航空、航天和航海等国防尖端工业领域，还广泛用于数控系统、自动化仪器、通信设备、计算机等工业和民用领域，其可靠性关乎整个产品的性能和质量。由于PCB高密度、多层化的发展要求，PCB生产中线宽、线间距等越来越小，同时PCB在工作期间，还必须在工作电压、温度、湿度等各种环境应力的综合影响下长时间运行，PCB面临着越来越多的失效及可靠性问题。因此针对PCB性能可靠性的分析、评估及预测研究日益迫切。本章首先介绍了数控系统PCB可靠性研究的历史与现状，然后研究了PCB失效分析的现状和意义，最后对数控系统PCB可靠性技术研究过程中需要解决的关键技术问题进行了分析。

1.1 数控系统 PCB 可靠性研究历史与现状

数控系统PCB是数控系统重要的基础部件，它是一类依照预先设计的电路，在绝缘基板的表面或其内部形成的用于电子元件之间连通的导电图形线路板。其主要功能是把电子元件或电子组合元器件（如芯片）装在PCB的一定位置上，然后将元件的引线焊接在

PCB 表面上的焊盘或焊垫上，从而互连成为具有电气功能的 PCB[1-3]，其可靠性和稳定性是数控装备能否成功完成工作任务的关键。

近十几年，我国 PCB 制造业发展迅速，总产值、总产量双双位居世界前列。由于电子产品的发展和更新日新月异，价格战改变了供应链的结构，中国兼具产业分布、成本和市场优势，已经成为全球最重要的 PCB 生产基地。未来 PCB 生产制造技术发展趋势是在性能上向高密度、高精度、微孔径、细导线、密间距、高可靠等方向发展，因此深入研究 PCB 可靠性具有非常重要的意义。

可靠性是产品质量的一个重要指标，是产品抵抗外部条件的影响而保持正常工作的能力，是产品质量的时间性指标。可靠性与时间紧密联系，它不能直接用仪器测量，要衡量产品的可靠性，必须进行大量的调查研究、试验分析、统计分析以及数学计算。其中，可靠性试验是对产品的可靠性进行调查、分析和评价的一种手段。它不仅仅是为了用试验数据来说明产品可靠性（接受或拒收、合格与不合格等），更主要的目的是对产品在试验中发生的故障（失效）的原因和后果都要进行细致的分析，并且研究可能采取的有效的纠正措施。因此，下文分别从可靠性工程发展、可靠性试验和 PCB 失效分析进行介绍。

1.1.1 可靠性工程简介

可靠性工程的诞生可以追溯到第二次世界大战期间。当时由于战争的需要，迫切要求对飞机、火箭及电子设备的可靠性进行研究，最早由德国科技人员提出了可靠性的理论。到了 20 世纪 50 年代，美国出于发展军事的需求，对军用电子设备的可靠性的研究投入了大量的人力物力。在此期间，苏联为了保证人造地球卫星发射与运行的可靠性，日本为了提高产品的市场竞争力，也开展了可靠性研究。20 世纪 60 年代，美国国家航空航天管理局（NASA）和美国国防部进一步发展了可靠性研究工作，使得美国航空航天事业迅速发展。20 世纪 70 年代，随着计算机技术的迅猛发展，计算机软件的可靠性理论也获得了大力发展。我国从 20 世纪六七十年代首先在电子工业和国防部门开始进行可靠性的研究及普及。自 20 世纪 80 年代以来，可靠性工程的研究范围和深度日益发展，并将狭义可靠性发展到广义可靠性（包括维修性和有效性）的研究。由于当前工程界对维修性和有效性的研究和应用暂不如狭义可靠性，特别是定量研究分析方面，故本书将主要研究产品的狭义可靠性的问题。目前，可靠性工程已成为多学科交叉的边缘学科，并已从航空航天、国防工业、数控系统等领域，延伸到民用工业。

可靠性的定义为产品在规定的条件下和规定的时间内完成规定功能的能力。这种能力以概率（可能性）表示，故可靠性也称可靠度。定义中的"产品"是指作为单独研究和分别试验对象的任何元件、器件、设备和系统。"规定的条件"包括产品使用时的环境条件（如温度、湿度、气压、盐雾、辐射等）和工作条件（如工作时间、使用频率、载荷和应力、储存条件和维修方式等），产品的可靠性受条件的影响是非常显著的，同一产品在不同的条件下工作会表现出不同的可靠性水平。例如，电子产品在高温或低温环境下使用，发生故障的概率明显不同，具体说，产品使用环境条件越恶劣，产品可靠性越低。"规定的时间"是指完成规定功能的时间，产品的可靠性与工作时间密切相关，工作时间越长，可靠性越低。产品的可靠性和工作时间的关系呈递减函数关系。"规定的功能"是指产品的性能指标。所谓完成规定功能是指产品满足工作状态要求而无故障地工作。产品或产品的一部分不能完成预定功能的事件或状态称为故障，任何产品最终都要发生故障，对不可修复产品也称为失效。故障的表现形式称为故障模式，引起故障的物理、化学变化等内在原因，称为故障机理。判断产品是否完成规定的功能，一定要给出明确的故障判据，否则会引起争议。

产品的可靠性是产品抵抗外部条件的影响而保持正常工作的能力，是产品质量的时间性指标。任何产品最终都会发生故障或失效，故障或失效前的正常工作时间越长，可靠性越好。衡量产品可靠性的指标很多，各指标之间存在着密切联系，其中最主要的有：可靠度 $R(t)$、累积失效概率（或称不可靠度）$F(t)$、失效概率密度 $f(t)$、故障率 $\lambda(t)$、平均寿命 θ 等[4-5]。

1. 可靠度 $R(t)$

可靠度是指产品在规定的条件下和规定的时间内，完成规定功能的概率。它是时间的函数，记作 $R(t)$：

$$R(t) = P(T > t) \qquad (1.1)$$

式（1.1）表示产品的寿命 T 超过规定时间 t 的概率。

可靠度值虽然是客观存在的，但实际上是未知的，只能经过一定的统计计算得到真值的估计值，称为可靠度的估计值。若 n 个样品参加试验，到 t 时刻未失效的有 $n_s(t)$ 个，失效的有 $n_f(t)$，则可靠度的估计值为

$$\hat{R}(t) = \frac{n_s(t)}{n} = \frac{n_s(t)}{n_s(t) + n_f(t)} = \frac{n - n_f(t)}{n} \qquad (1.2)$$

2. 累积失效概率 $F(t)$

累积失效概率是指产品在规定的条件和规定的时间内失效（发

生故障）的概率，记作 $F(t)$。有时也称累积失效分布函数，其表达式为

$$F(t) = P(T \leqslant t) = 1 - P(T > t) = 1 - R(t) \qquad (1.3)$$

由式（1.3）可见，$R(t)$ 和 $F(t)$ 互为对立事件，所以 $R(t) + F(t) = 1$。且 $F(t)$ 是时间的增函数。

同样，累积失效概率的估计值为

$$\hat{F}(t) = \frac{n_{\mathrm{f}}(t)}{n} = \frac{n_{\mathrm{f}}(t)}{n_{\mathrm{s}}(t) + n_{\mathrm{f}}(t)} = \frac{n - n_{\mathrm{s}}(t)}{n} \qquad (1.4)$$

式中：n 是样品数量；$n_{\mathrm{s}}(t)$ 是到 t 时刻未失效的样品数量；$n_{\mathrm{f}}(t)$ 是到 t 时刻失效的样品数量。

3. 失效概率密度 $f(t)$

失效概率密度是累积失效概率对时间的变化率，记作 $f(t)$。它表示产品在单位时间内失效的概率，其表达式为

$$f(t) = \frac{\mathrm{d}F(t)}{\mathrm{d}t} = F'(t)$$

失效概率密度的估计值为

$$\hat{f}(t) = \frac{F(t + \Delta t) - F(t)}{\Delta t} = \frac{\left[\dfrac{n_{\mathrm{f}}(t + \Delta t)}{n} - \dfrac{n_{\mathrm{f}}(t)}{n} \right]}{\Delta t} = \frac{1}{n} \cdot \frac{\Delta n_{\mathrm{f}}(t)}{\Delta t} \quad (1.5)$$

式中，$\Delta n_{\mathrm{f}}(t)$ 表示在（$t, t + \Delta t$）时间间隔内失效的产品数。

也可以根据 $F(t)$ 的定义得到 $f(t)$，即

$$F(t) = \int_0^t f(t)\,\mathrm{d}t \qquad (1.6)$$

4. 故障率（失效率）$\lambda(t)$

故障率是工作到某时刻尚未失效的产品，在该时刻后单位时

间内发生失效的概率。它反映了产品失效或发生故障的强度，记作 $\lambda(t)$，称为故障率函数，也称为失效率函数，即

$$
\begin{aligned}
\lambda(t) &= \lim_{\Delta t \to 0} \frac{1}{\Delta t} P\left(t < T \ll t + \Delta t \mid T > t\right) \\
&= \lim_{\Delta t \to 0} \frac{P\left(t < T \ll t + \Delta t\right)}{P\left(T > t\right) \cdot \Delta t} = \lim_{\Delta t \to 0} \frac{F\left(t + \Delta t\right) - F\left(t\right)}{R\left(t\right) \cdot \Delta t} = \frac{\mathrm{d}F\left(t\right)}{\mathrm{d}t} \cdot \frac{1}{R\left(t\right)} \\
&= -\frac{R'\left(t\right)}{R\left(t\right)}
\end{aligned}
\tag{1.7}
$$

故障率（失效率）函数有 3 种基本类型，即早期失效型（递减型）、偶然失效型（恒定型）和耗损失效型（递增型）。对于系统来说，一般在工作过程中，失效率随时间的变化曲线成浴盆状，分阶段属于上述 3 种类型。

故障率（失效率）的估计值可由下式求得

$$
\hat{\lambda}(t) = \frac{n_{\mathrm{f}}\left(t + \Delta t\right) - n_{\mathrm{f}}\left(t\right)}{n_{\mathrm{s}}\left(t\right) \cdot \Delta t} = \frac{\Delta n_{\mathrm{f}}\left(t\right)}{n_{\mathrm{s}}\left(t\right) \cdot \Delta t}
\tag{1.8}
$$

式（1.8）中，$\Delta n_{\mathrm{f}}(t)$ 表示 Δt 时间内的失效产品数。

5. 平均寿命

平均寿命是指产品从投入运行到发生故障的平均工作时间，其数学意义就是寿命的数学期望，记作 θ。可以把产品分为可维修和不可维修两类，对于不可维修产品的平均寿命又称失效前的平均寿命，用 MTTF（mean time to failure）表示；对于可维修产品而言，平均寿命指的是产品两次相邻故障间的平均工作时间，称为平均无故障工作时间，用 MTBF（mean time between failure）表示。不论产品是否可修复，平均寿命的数学公式可表达为

$$
\theta = \int_0^\infty t f\left(t\right) \mathrm{d}t
\tag{1.9}
$$

可以证明，能用可靠度 $R(t)$ 来计算平均寿命，公式为

$$\theta = \int_0^\infty R(t)\mathrm{d}t \qquad (1.10)$$

平均寿命的估计值的表达式为

$$\hat{\theta} = \frac{所有产品的总工作时间}{总失效数} = \frac{T}{n_f} \qquad (1.11)$$

在可靠性工程中，与寿命有关的指标除了平均寿命，还有可靠寿命、特征寿命、中位寿命等，这些指标总称为可靠性寿命特征，它们都是衡量产品可靠性的尺度。

1.1.2 PCB 可靠性试验及发展趋势

1.1.2.1 可靠性试验分类及其特点

为了评价产品可靠性，考核产品是否达到规定的要求和可靠性指标，必须通过可靠性试验。可靠性试验是为了发现产品在设计和制造工艺方面的缺陷，研究产品失效机理及其影响，提高产品的可靠性水平或评价产品可靠性而进行的各种试验的总称。广义地说，凡是为了了解、分析、考核或鉴定、评估、提高系统、设备、元器件、原材料等产品的可靠性而进行的试验都可称作可靠性试验。

可靠性试验的分类方法很多，按照试验目的的不同，可靠性试验主要分为寿命试验、可靠性鉴定试验、环境应力筛选等 [6]，如图 1.1 所示。其中，环境应力筛选、可靠性研制试验和增长试验的目的是暴露产品在设计、制造工艺、基材等方面的缺陷，从而采取相应的措施加以改进，提高产品的可靠性，达到工程实际应用要求；可靠性鉴定试验、验收试验和寿命试验的目的是验证产品的可靠性特征量是否满足规定的要求，一般应用在设计定型阶段或者产品试用阶段，这三个试验项目均可用于可靠性验证工

作。各类试验的目的、适用对象和适用时机，见表 1.1 所示。

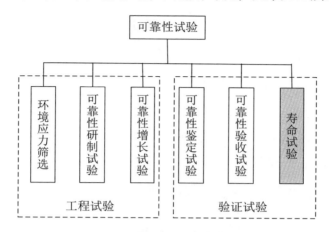

图 1.1　可靠性试验分类图

表 1.1　各类可靠性试验的工作目的、适用对象和适用时机

试验类型	工作目的	适用对象	适用时机
环境应力筛选	在产品出厂或者交付使用前，发现和剔除早期失效产品	适用于电子、机电、光电、电气和电化学产品	产品研制阶段、大修阶段和生产阶段
可靠性研制试验	通过施加工作载荷、环境应力，寻找产品缺陷并加以改进，提高产品固有的可靠性水平	适用于电子、机电、光电、电气、电化学和机械产品	产品研制阶段，主要是早期和中期
可靠性增长试验	通过综合环境应力试验，暴露产品缺陷并采取适当措施，使产品可靠性达到规定的要求	适用于机电、电子、电气、电化学、光电和机械产品	产品研制阶段中后期，当产品技术状态确定以后
可靠性鉴定试验	验证产品设计是否满足规定的可靠性要求	适用于电子、机电、光电、电气和电化学产品，成败型产品	产品设计定型阶段，当产品技术状态固化以后
可靠性验收试验	验证批量生产产品的可靠性是否保持在规定水平	适用于电子、机电、光电、电气和电化学产品，成败型产品	产品批量生产阶段
寿命试验	验证产品在规定条件下的储存寿命、工作寿命是否达到规定的要求	适用于各类产品	产品设计定型以后

狭义的可靠性试验主要是指寿命试验，可见寿命试验是一种重要的可靠性试验类型。通过寿命试验可以获得诸如平均寿命、可靠度和失效率函数等特征量，以此作为制定可靠性筛选、可靠性预计的条件，同时作为进行可靠性鉴定、验收，改进设计以提高产品固有可靠性水平的依据。下面对寿命试验做简单介绍。

1.1.2.2 寿命试验分类及其特点

寿命试验的目的，一是发现产品中可能过早发生耗损的零部件，已确定影响产品寿命的根本原因和可能采取的纠正措施；二是验证产品在规定条件下的使用寿命、储存寿命是否达到规定的要求，对产品的可靠性水平进行考核、分析和评价。试验通常是从一批产品中随机抽取一定容量的样本放在使用环境下进行，采集每个样本的失效数据,然后对这些试验数据进行统计推断处理，最后对这批产品的可靠性进行分析和评价，给出产品的可靠性特征量。寿命试验作为一种分析技术，具有如下用途 [7]：

（1）通过产品的寿命试验，探索其在工作应力下的变化规律,确定产品的寿命分布,给出产品的各种可靠性特征量,如平均寿命、可靠度、失效率等；

（2）通过产品的寿命试验，验证产品在规定条件下是否达到可靠性要求，以做出产品接收或拒收、合格或不合格等结论；

（3）通过产品的寿命试验，分析产品的失效模式、机理和危害度，剖析产品在设计、工艺、基材等方面的缺陷和可能采取的纠正措施，为产品的改进提供有效途径。

寿命试验按照不同的分类方式具有不同的分类,如图 1.2 所示。

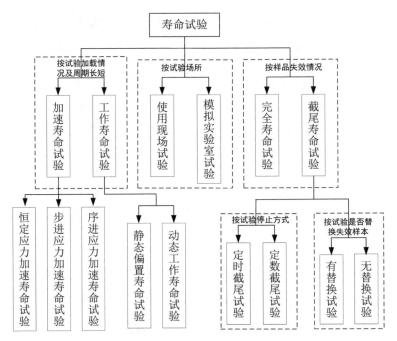

图 1.2　寿命试验分类

其中，各类寿命试验的定义和特点如表 1.2 所示。

表 1.2　各类寿命试验的定义和特点

寿命试验	分类	定义	时间/费用	样本数目	结论	应用
工作寿命试验	静态偏置试验	加直流额定负荷的试验	——	——	所用设备简单，结果有一定的价值	工程应用不多
	动态工作试验	模拟产品的实际工作状态所做的试验	——	——	结果更准确，所用设备较为复杂	
加速寿命试验	恒定应力加速寿命试验	固定一个应力水平进行试验，一直试验到有一定数量的样品失效为止	长	多	试验操作简单，试验数据处理方法比较成熟，外推精度较高	应用广泛

续表

寿命 试验	分类	定义	时间 / 费用	样本 数目	结论	应用
加速 寿命 试验	步进应力 加速寿命 试验	固定一个时间间隔 逐级增加应力水 平，直到有一定数 量的样品失效为止	较短	较少	假定低一级试验对 本级试验的影响可 以忽略不计，因此 预计精度较低，数 据统计分析方法也 较复杂	工程 应用 不多
	序进应力 加速寿命 试验	试验应力按不同的 速度线性增加，直 到有一定数量的样 品失效为止	最快	较少	统计分析方法最复 杂，需要专门的程 序控制，理论发展 还不成熟，对试验 设备的要求也最高	工程 应用 受限
使用 现场 试验	——	产品在实际使用状 态下所进行的试验	长	大型 产品	最能反映产品的可 靠性水平，但是试 验易受使用现场环 境变化的影响而干 扰试验结果	工程 应用 受限
模拟 实验 室试 验	——	在实验室模拟产品 实际使用条件所进 行的试验	短	小型 设备 / 元器 件 / 零 部件	试验管理简便，有 重复性，便于产品 间的比较，但是对 于使用环境复杂的 情况难以模拟全部 现场环境，只能选 择最主要的环境条 件进行模拟	应用 广泛
完全 寿命 试验	——	投试样本全部失效 时结束试验	长 / 多	——	能及时对产品的可 靠性进行评估	应用 广泛
截尾 寿命 试验	定时截尾 试验	投试样品有部分失 效就可以停止试验	较短	——	能及时对产品的可 靠性进行评估	应用 广泛

1.1.2.3 加速寿命试验特点及研究现状

加速寿命试验（accelerated life test，ALT）由于可以更有效地缩短试验时间而被广泛采用。加速寿命试验是在合理的工程应用及统计假设的基础上，采用与失效物理 / 化学规律相关的加速寿命试验模型，对高应力水平下的失效数据进行统计推断，得到产品在正常应力水平下的可靠性特征量[8]。

加速寿命试验至今已有 60 多年的历史。1957 年 Levenbach[9]发表关于电容器试验研究的论文被认为是首篇涉及加速寿命试验的论文，至此，加速寿命试验方法引起了工程技术人员和统计学家的浓厚兴趣，在加速模型和数据统计研究等方面取得了一定的成绩。美国马里兰大学曾使用加速寿命试验技术预测某宇航设备的剩余寿命。俄罗斯建立了飞机液压系统传动装置、液压泵等加速寿命试验标准。日本对某型号开关进行加速寿命试验，算出了加速系数。我国也针对元器件制定了《恒定应力寿命试验和加速寿命试验方法 总则》《弹药元件加速寿命试验方法》等一系列加速寿命试验标准。目前加速寿命试验方法已被广泛用于武器装备、航空航天等诸多领域的实际问题中。比如殷毅超博士对武器装备的发射装置的加速寿命试验可靠性建模与寿命评估展开了研究，实现了发射装置的可靠性评估及寿命预测[10]，杨志宏等学者对舰载机机载导弹电气整机加速寿命试验方法进行了研究，构建了整机综合应力下的加速模型，并成功激发了该机的性能退化[11]。黄首清等学者对航天器用滚动轴承提出两种工程化的加速寿命试验方法，并进行算例对比分析[12]。魏彦江、周祎等学者为星载无源微波器件能在地面通过加速寿命试验验证其在轨可靠性，设计一种双应力加速寿命试验数学模型和加速寿命试验方案[13]。潘骏、陈文华等学者为解决航天电连接器接触可靠性评估问题，通过失效机理分析建立了接触可靠性统计模型，并进行了加速寿命试验及验证[14]。

加速寿命试验技术研究内容主要有加速寿命试验可靠性统计模型建模与数据统计分析方法研究。

1. 加速寿命试验可靠性统计模型研究现状

加速寿命试验可靠性统计模型主要包括产品寿命分布模型和加速模型。

1）产品寿命分布模型

在可靠性工程中,确定产品的寿命分布模型是最基本的工作,这也是求出产品可靠度、故障率、寿命等特征量的前提。在工程中,常见的寿命分布类型有指数分布、正态分布、威布尔（Weibull）分布、对数正态分布等。

产品寿命分布模型的建立主要包括以下三种途径：第一，通过分析产品失效模式与失效机理，从失效物理 / 化学角度来研究产品的寿命分布函数。如 Mann，Schafer 等通过分析疲劳断裂失效的物理过程，认为产品疲劳断裂失效的寿命分布符合对数正态分布[15]。陈文华等通过航天电连接器失效机理分析，推导出在温度和振动应力综合作用力下电连接器的寿命分布服从 Weibull 分布[16]。第二，基于加速寿命试验数据，统计推断出产品的寿命分布函数。如 Biernat 等对加速寿命数据进行分析和拟合，最终确定绝缘材料的寿命分布[17]。贾志成等分析加工中心的故障数据，首先利用累积失效分布函数的散点图选定满足曲线形状的寿命分布模型，然后根据线性回归分析和线性相关性检验技术确定加工中心的 Weibull 分布模型[18]。Dai 等也利用适用范围较广的 Weibull 分布描述加工中心平均无故障工作时间，并进一步通过了 Hollander 方法检验[19]。第三，根据经验或者利用广泛应用的寿命分布函数来描述产品的寿命分布情况。如 Yue 等在研究战斗轰炸机轮毂的疲劳寿命时，通过经验分析选定对数正态分布和 Weibull 分布来描述疲劳寿命[20]。Chao 等采用适用范围广泛的 Weibull 分布来描述发光二极管的寿命分布[21]。奚蔚等通过光滑件疲劳寿命试验数据，引入了有效应力的概念来预测缺口件疲劳寿命分布[22]。

2）加速模型

加速寿命试验的主要目的是评估正常应力水平下的寿命分布，这可通过外推加速应力下的试验数据得到。因此需要一个关于寿命和加速应力之间关系的模型，通常称此模型为加速模型。一般地，加速模型可以分为三类。①物理模型。当通过物理/化学分析已知应力与产品失效的关系时，可选用物理模型来作为加速模型。需要说明的是，物理模型一般是表征某种具体失效机理的情况，不能用于其他的失效机理，即使是针对同一类产品。②类物理模型。该模型并不基于某种特定的失效机理，而是建立在产品失效的一般性规律基础上，它比物理失效模型使用更为广泛，又比经验模型的推断要准确。实际中被广泛应用的 Arrhenius 模型就是基于温度影响原子扩散速率这一宏观失效机理建立起来的类物理模型。③经验模型（统计模型）。在不了解产品的失效机理时，要建立物理模型是不可能的。只能采用统计回归分析的方法通过试验数据拟合得到经验模型。较典型的就是采用多项式模型。经验模型对现有数据的拟合比较准确，但是在进行使用条件下寿命的外推时具有一定的风险。常见的加速模型包括阿伦尼斯（Arrhenius）模型、逆幂律模型、单应力艾林（Eyring）模型、多应力广义阿伦尼斯模型、Coffin-Manson 模型等。

加速模型的确定主要有两种[23]：第一，从产品失效过程的物理、化学层面出发，通过研究产品外部或内部结构、微观形貌、成分性能等确定加速模型。19 世纪 80 年代，Arrhenius 在分析产品内部基本粒子运动和温度的关系研究中，提出了描述产品寿命和温度应力关系的阿伦尼斯 (Arrhenius) 模型。同时，基于量子力学理论提出的艾林 (Eyring) 模型，也描述了产品寿命和温度应力之间的关系。进入 20 世纪，基于动力学理论推导出来的逆幂律 (inverpower) 模型很好地描述了产品寿命与电应力之间的关系。到了 40 年代，Goldberg 扩展了 Eyring 模型，提出了描述温度和电压应力综合作用的广义 Eyring 模型 [15]。Simoni 等考虑了 Fallou 等人 [24] 研究工作中的不足，提出了目前被广泛运用的电应力和温度应力综合作用加速模型 [25]。Montanari 和 Cacciari 在 90 年代提出了一种基于概率统计的反幂律极限模型 [26]。Srinivas 和 Ramu 利用 Paris 断裂疲劳模型描述了机械应力产生疲劳损伤的机理，提出了在环境温度、机械振动及电应力综合作用下的产品加速模型 [27]。第二，通过产品的失效分析和研究，直接对所研究的产品运用经典的加速模型。如贾占强等利用广义 Arrhenius 模型讨论了某型号雷达系统信号板在温度和湿度应力综合作用下的可靠性寿命预测问题 [28]。罗俊等研究和归纳了半导体器件在贮存过程中主要受环境应力影响的失效机理，选择逆指数湿度模型，幂率湿度模型和指数湿度模型推算器件的贮存寿命 [29]。朱德馨等通过载荷恒定应力加速寿命试验分析，确定电主轴的加速模型符合逆幂律关系 [30]。

2. 加速寿命试验数据统计方法研究现状

加速寿命试验模型都含有未知参数，利用试验数据对这些未知参数进行统计推断是加速寿命试验研究的重要内容之一。对于试验数据统计方法的研究目前主要围绕如何提高产品可靠性指标估计值的估计精度来展开 [31]。

经典可靠性数据统计方法，有基于次序统计量的各类线性估计方法、矩估计法、极大似然估计 (MLE) 法、最小二乘估计 (LSE) 法和 Bayes 估计法等，以上这些方法在加速寿命试验数据处理时经常用到 [32]。张志华和茆诗松探讨了恒加试验中常用的二步估计法在加速寿命方程未知参数估计的不足，给出了用于大样本下新的线性估计 (BGLUE，RGLUE) 方法 [33]。Luo、汤银才、张娜等对恒定应力加速寿命数据采用 MLE 估计方法进行了统计分析，得到模型参数的估计值 [34-36]。Zhang、李军、董懿等在电子产品加速寿命试验中以温度作为加速应力，利用 LSE 方法对产品的可靠性信息进行科学评估 [37-39]。Tan、汤银才等分别研究了指数分布和 Weibull 分布场合下的加速寿命试验，给出了 Bayes 的统计推断方法求取寿命特征量 [40-42]。对于只有少量失效甚至没有失效的情况，张志华利用正态分布函数的性质，给出了正态分布场合下无失效数据母体参数的统计估计方法 [43]。鲍志晖、Liu、刘永峰等讨论了 Weibull、指数等常见分布函数场合下可靠性试验无失效数据的统计分析 [44-46]，在无失效数据可靠性分析方面做出了有益的探索并取得了一定的成果。

可以看出，估计的方法很多，如何评价估计的好坏，人们给出了许多评价准则。常用的准则有以下四种。

1）无偏性

设 $f(x,\theta)$ 是随机变量 X 的密度函数，θ 是母体未知参数。用来估计未知参数 θ 的统计量称为 θ 的点估计，记为 $\hat{\theta}$。如果 θ 的估计量 $\hat{\theta}$ 满足

$$E\hat{\theta} = \theta \qquad\qquad (1.12)$$

则称 $\hat{\theta}$ 为 θ 的无偏估计。

估计的无偏性要求是十分自然的，它体现了一种频率思想，只有在大量重复使用时无偏性才有意义。但是，无偏性准则并不理想，因为 θ 的无偏估计可以有许多，为此又提出了另一个准则。

2）有效性

假设 $\hat{\theta}$ 是 θ 的估计，称 $\mathrm{MSE}(\hat{\theta})=E(\hat{\theta}-\theta)^2$ 为估计 $\hat{\theta}$ 的均方差。如果基于一个样本的两个估计 $\hat{\theta}_1$，$\hat{\theta}_2$ 满足

$$\mathrm{MSE}\left(\hat{\theta}_1\right) \leqslant \mathrm{MSE}\left(\hat{\theta}_2\right) \tag{1.13}$$

而且对某些 θ 不等式严格成立，则称估计 $\hat{\theta}_1$ 比 $\hat{\theta}_2$ 有效。

人们总希望估计的均方差达到最小，但是，在许多情况下这种估计是不存在的。因此，需要对估计提出一些合理要求，缩小其范围，这样最佳估计就能够容易求得，如最佳线性无偏估计（BLUE）和最佳线性不变估计（BLIE）等。

如果在所有 θ 的无偏估计类中，存在一个 $\hat{\theta}$，对于任意无偏估计 $\hat{\theta}_1$ 均有

$$\mathrm{Var}\left(\hat{\theta}\right)=\mathrm{MSE}\left(\hat{\theta}\right) \leqslant \mathrm{MSE}\left(\hat{\theta}_1\right)=\mathrm{Var}\left(\hat{\theta}_1\right) \tag{1.14}$$

成立，则称 $\hat{\theta}$ 为一致最小方差无偏估计（UMVUE）。

在母体分布满足一定正则条件下，θ 的所有无偏估计的方差满足 Cramer–Rao 不等式，其方差下界为 $1/F(\theta)$，称

$$e\left(\hat{\theta}\right)=\frac{1/F\left(\theta\right)}{\mathrm{Var}\left(\hat{\theta}\right)} \tag{1.15}$$

为无偏估计 $\hat{\theta}$ 的效。若 $e(\hat{\theta})=1$，则称 $\hat{\theta}$ 为有效估计。

3）相合性

假若 $\hat{\theta}_n=\hat{\theta}(X_1,X_2,\cdots,X_n)$ 是 θ 的估计，如果当 $n\to\infty$ 时，有

$$\hat{\theta}_n \overset{P}{\to} \theta$$

则称 $\hat{\theta}_n$ 是 θ 的相合估计。

相合性被认为是对估计的一个最基本要求，假如某估计不具有相合性，那么这个估计在实际中不应考虑。

4）渐进正态性

设 $\hat{\theta}_n = \hat{\theta}(X_1, X_2, \cdots, X_n)$ 是 θ 的估计，如果存在 $\sigma^2(\theta)$ 满足

$$\sqrt{n}\left(\hat{\theta}_n - \theta\right) \xrightarrow{\mathscr{L}} N\left(0, \sigma^2(\theta)\right)$$

则称 $\hat{\theta}_n$ 是 θ 的渐进正态估计。$\sigma^2(\theta)/n$ 称为 $\hat{\theta}_n$ 的渐近方差。记为 $\hat{\theta}_n \sim AN\left(\theta, \dfrac{\sigma^2(\theta)}{n}\right)$。由渐近正态性很容易得到估计的相合性。

在利用试验数据对母体未知参数进行统计推断时，可以利用多种估计方法得到未知参数的估计，如矩估计、极大似然估计、最小二乘估计、Bayes 估计等。通常利用这些估计方法得到的估计也不尽相同，这样就可以通过上述准则对这些估计进行选择，以获得最佳估计。

1.1.2.4 加速退化试验方法及研究现状

对于高可靠长寿命产品在可行的试验时间和试验经费范围内很难得到该产品的失效寿命数据信息，基于性能退化数据的加速退化试验（accelerated degradation test，ADT）技术应运而生[47]。加速退化试验是在保证失效机理不变的前提下，通过提高试验应力水平来加速产品性能发生退化，利用产品在高应力水平下的性能退化信息推算出产品在正常应力水平下的可靠性特征量[47-48]。这弥补了产品在无数据失效或者极少数据失效的情况下无法评估产品可靠性特征量的不足，因此在高可靠长寿命产品的可靠性研究中具有广阔的应用前景。

1. 加速退化试验方法及特点

由于大多数产品的失效最终都可追溯到其潜在的性能退化过程，故可以根据产品的性能退化信息来分析产品的可靠性。20 世纪 80 年代开始，加速退化试验逐渐引起了国内外学者的广泛关注，近四十年来，国内外对加速退化试验技术的理论和方法进行了深入研究 [49-59]，解决了高可靠长寿命产品的可靠性评估及寿命预测等工程领域问题，目前已成为可靠性研究工作的重要内容。

加速退化试验技术的研究内容主要包括加速退化试验可靠性统计模型的建立和性能退化数据统计分析方法的研究。下面将分别进行介绍。

2. 加速退化试验可靠性统计模型研究现状

产品的加速退化试验可靠性统计模型主要包括性能退化轨迹模型、性能退化数据分布模型及加速模型。

1）性能退化轨迹模型

性能退化轨迹模型描述了产品的性能特征参数随时间的变化过程。通过性能退化轨迹模型，可以间接外推获得产品的伪失效寿命数据，解决产品可靠性评估中无失效数据的问题。常见的性能退化数据模型主要有两大类，即线性退化模型和非线性退化模型。

（1）线性退化模型。

①简单线性退化模型。

线性退化模型其退化量的变化率（称为退化率）为常数，即有

$$\frac{\mathrm{d}\big[Y(t)\big]}{\mathrm{d}t} = b \text{ 或 } Y(t) = a + bt \qquad (1.16)$$

式中，$a = Y(0)$。有时尽管退化量 $Y(t)$ 不是时间的线性函数，但是通过对 $Y(t)$ 作某种变换，或对时间 t 作另一种变化后可得到线性关系。常见的这类模型如下：

$$\ln Y(t) = a + bt$$
$$Y(t) = a + b\ln t$$
$$\ln Y(t) = a + b\ln t$$

式中：t 为试验时间；$Y(t)$ 为产品性能退化量在 t 时刻的观测值；a 和 b 为未知量，可以通过退化数据估计获得。

②单调回归模型。

单调回归模型是在线性模型的基础上推广而来的一种退化模型形式，其表达式为

$$Y(t) = a + bm(t) \tag{1.17}$$

式中：$m(t)$ 为已知的 $(0,+\infty)$ 上的单调函数；a 反映了退化的初始状态；b 反映了退化量的变化率。

（2）非线性退化模型。

非线性模型从变量类型上来区分可以分为非线性随机误差模型和随机非线性混合系数模型。从模型的导出过程来区分，又包括非线性统计模型与非线性物理模型。

①混合系数模型。

在非线性退化模型中，混合系数模型具有突出的代表性。混合系数模型一般可以表示为

$$Y(t) = f(t, \beta; \Theta) \tag{1.18}$$

式中：β 为固定系数向量；Θ 为随机系数向量。

事实上，当 $f(\cdot)$ 为线性形式时，即为线性退化模型。

② Carey–Koening 模型。

Carey 和 Koening 提出了一种新的非线性退化模型，即

$$Y(t) = \alpha \left[1 - \exp\left(\sqrt{\lambda t} \right) \right] \qquad (1.19)$$

式中：$Y(t)$ 为产品性能退化量；α 和 λ 为待估参数，可由不同的样本轨迹对数字特征进行估计。

③幂指数模型。

幂指数模型是较为简便且常用的一种非线性退化轨迹模型，其函数形式为

$$Y(t) = a + bt^m \qquad (1.20)$$

式中：$Y(t)$ 为产品性能退化量；a，b，m 为待估模型参数。

一般地，性能退化轨迹模型主要有两种建立方法：

第一，基于产品失效机理分析，通过研究产品的物理、化学反应规律来建立性能退化轨迹模型，一般多用于材料的性能衰退过程研究中[60]。该建立方法一般多用于元器件材料性能退化的可靠性分析过程中，如 Lu 和 Meeker 通过研究 PCB 板的失效物理化学反应规律[61]，Meeker 和 Escobar 通过研究金属疲劳裂纹增长[62]，Yu 和 Tseng 通过分析汞灯制造工艺中汞的浓度和所充氩气浓度的性能变化[63]，分别建立了退化轨迹模型并进行产品的失效寿命数据推断。Carey 和 Koenig 对海底电缆的传输延迟特性进行了失效化学过程分析，建立了加速退化轨迹模型[64]。Tang 和 Chang 在研究供电装置的非破坏性加速退化试验建模时，利用逆幂律函数建立了施加电应力条件下的退化轨迹模型[65]。

第二，直接对产品的试验数据进行回归曲线拟合从而得到退化轨迹模型，其优点是当产品的失效机理无法获知时，能够快速建立产品的退化轨迹模型，但这是一种经验方法，存在精度较差的缺陷。Zhi 等对比了幂律、饱和律、混合律等几种经验退化轨

迹模型在热载波退化时的应用情况[66]。De Oliveira 等对汽车轮胎的磨损退化进行了拟合分析[67]，Freitas 等根据火车车轮直径随行驶里程的线性退化轨迹规律[68]，分别建立了线性回归模型。刘合财基于产品性能退化量，讨论了退化失效下的随机截距和随机斜率线性退化轨迹模型，并给出了随机参数模型服从正态和 Weibull 分布情形下的统计结果[69]。Chen 和 Zheng 根据产品性能退化数据拟合出退化轨迹的参数回归模型并推断产品的寿命分布函数[70]。Bae 等人通过拟合等离子显示器亮度的退化数据，建立了非线性退化轨迹的函数模型[71]。Bae 和 Kvam 研究了退化轨迹为非单调变化的情况，建立了非线性随机系数回归分析模型，并外推出伪失效寿命数据为构造分布函数提供数据[72]。Peng 和 Tseng 通过研究提出一种带有时变参数的线性退化轨迹模型[73]。Yuan 和 Pandey 对非线性混合效应模型与简单回归模型进行了比较，给出了混合效应模型的优势，并利用混合效应模型对核管道系统的退化进行了可靠性建模[74]。汪亚顺等在电子倍增器退化试验分析过程中，利用混合效应模型对试验数据进行了分析[75]。

2）产品性能退化数据分布模型

产品性能退化数据分布模型主要有两种建立方法，一种是图形法，另一种是随机过程法。

根据图形法建立的统计模型，如 Nelson 在研究绝缘材料加速退化试验时，假设绝缘材料击穿数据的对数服从正态分布，以此进行了产品的可靠性评估[59]。Wang 和 Dan 在感应电动机加速退化试验研究过程中，假定性能退化数据服从两参数的 Weibull 分布[76]。Huang 和 Dietrich 同样采用 Weibull 分布刻画退化量的分布特征，并采用极大似然法估计模型中的参数[77]。Sun 等人在研究高能自愈金属膜脉冲电容器退化失效过程中，提出电容器退化量服从 Gauss–Poisson 联合分布，与 Weibull 分布相比，该分布经过验证显示具有较高的评估精度[78]。Jayaram 和 Girish 根据退化数据的特征，假定退化量分布为正态分布并提出了相应的可靠性预测方法[79]。文献 [80–82] 对具有多退化指标的系统退化失效进行了可靠性退化失效建模研究，并取得了一定的成果。

图形法是依据退化数据的直观特征，或者通过一定的分布检验后确定产品的分布模型，具有方便、快捷的特点，且能满足一定规定下的评估要求。然而当产品的工作环境遭到不定应力因素的影响时，不同测量时刻下的退化数据经过频数统计和分布检验显示不满足同一分布簇的假设，或者不同时刻的分布具有明显的差别特征，此时则需要利用随机过程法进行深入分析，以便进行可靠性退化失效建模。Singpurwalla 对随机过程法中的退化失效建模进行了研究，研究指出当忽略应力协变量的影响时可采用 Wiener 过程和 Gamma 过程等方法对功能部件产品的性能退化进行建模，当应力协变量不可忽略时可采用 Markoff 增量过程和随机游动过程等方法来建模；当对系统级的退化失效进行建模时，则考虑使用 Poisson 过程、冲击噪声过程和广义 Gamma 过程等方法[83]。文献 [84–87] 则分别对 Gaussian 过程、Markoff 过程、Gamma 过程和 Wiener 过程进行了相应研究。

3）加速模型

加速模型是高应力与正常工作应力下工作寿命的联系纽带，直接关系到试验数据的外推精度。与加速寿命试验的加速模型类似，加速退化试验的加速模型同样存在着刻画产品寿命与温度之间关系的 Arrhenius 加速模型、寿命与电应力之间关系的 Inverpower 加速模型等。

3. 加速退化试验数据统计方法研究现状

退化数据的统计分析精度决定了产品可靠性指标推断误差的大小。加速退化试验数据的统计分析主要是围绕模型参数估计和寿命分布特征参数估计方法展开的。

在估计模型参数过程中，退化模型不同，相应的参数估计方法也不尽相同，主要有两步估计法、极大似然估计法、Bayes 方法等。文献 [61,50,88] 分别应用两步估计法、极大似然法和 Bayes 方法对退化模型的参数进行了估计，对由退化机理引起的失效问题进行了研究；同时，利用性能退化数据建立的退化轨迹模型，可以通过近似法、解析法和数值法外推产品伪失效寿命数据，利用伪失效寿命数据估计产品寿命分布类型及其特征参数，产品寿命分布参数的计算方法，与加速寿命试验中产品寿命分布模型参数计算方法相同。潘骏 [14]、Lu[61]、冯静 [89] 等研究者基于性能退化试验数据分别对不同产品的寿命进行了评估和预计研究，同时针对竞争失效、多性能特征参数同时退化的问题，文献 [90–92] 进行了加速退化试验数据统计分析和可靠性评估方法研究。

1.1.3 PCB 失效研究现状

失效是指产品功能完全或部分丧失，对产品失效的认识必须从失效模式、失效机理和失效原因入手。失效模式是指产品失效的形式、形态及现象，是产品失效的外在宏观表现。对于电子元器件，最直接的失效模式有开路、短路、时开时断、功能异常、参数漂移等。

导致电子元器件失效的原因多种多样，例如材料、工艺缺陷，产品设计不当,老化、装配中应力选择不当,环境因素,工作应力等。无论是什么原因引起的产品失效,都是外因和内因共同作用的结果。我们通常将这种内在原因称为失效机理。所谓失效机理,是指产品失效的物理、化学变化,这种变化可以是原子、分子、离子的变化,是失效发生的内在本质。失效分析的目的就是要明确失效机理,查找失效原因,提出改进措施,从而提升产品的可靠性。失效分析是产品可靠性工程的一个重要组成部分,具有非常重要、不可替代的作用。

PCB 几乎是所有电子产品的基础,目前,PCB 的失效模式主要有几种[93]:①焊接不良;②开路和短路(漏电);③起泡、爆板、分层;④板面腐蚀或变色;⑤板弯、板翘。排除产品设计及焊接工艺过程的影响,一般来说,焊接不良主要与 PCB 焊盘的表面处理质量不佳或表面状态不良(如氧化污染等)有关;开路一般出现在导线或金属化孔上,与 PCB 加工工艺及材料本身性能密不可分;短路或漏电一般是由于导体间绝缘间距减小或因腐蚀促成电化学迁移等造成;板面分层起泡一般与板材压合工艺及 CCL 本身热性能相关;板面腐蚀与变色一方面与材料工艺匹配性相关,另一方面也可能来源于 PCB 的性能不良;板弯、板翘也主要来源于基材质量与加工工艺。

作为元器件的载体和实现电路连接的主要媒介,PCB 不仅应用于航空、航天和航海等国防尖端工业领域,还广泛用于数控系统、自动化仪器、通信设备、计算机等工业和民用领域。PCB 的质量和可靠性直接影响到产品的质量和可靠性。因此,要保证 PCB 的质量与可靠性,一方面要控制来料质量,制订合理的优选方案,并有效管控供应商;另一方面,要对失效产品开展失效分析,基于失效机理，提出改善方案，并及时修订预防措施。

随着电子产品不断向小型化和高稳定性等方向发展，以及电子产品应用领域和工作环境的扩展，电子产品的腐蚀问题日趋显著[94-95]，这对 PCB 提出了更高的技术要求。在数控系统领域，数控系统高速、高精、高可靠性、多功能的发展趋势，促使其组成部件不断向小型化、密集化和多功能化方向发展，这使得数控系统 PCB 日趋"轻、薄、短、小"[96]，PCB 设计结构越来越复杂，层数不断增加，孔径、线宽和线间距都趋于细微化，以此适应数控系统的功能提高和信号的高速处理。另一方面，我国复杂的气候环境也对数控系统 PCB 的可靠性提出了挑战。尤其是因为工程用途而发展起来的多层板，为了适应电子产品功能提高和信号高速处理的趋势，多层板上的线宽和线间距更加细微化，层数更多，性能更强，电场强度更大，加上环境、设计制造技术等方面的原因，使电化学迁移（electrochemical migration，ECM）现象成为电子产品特别是 PCB 失效最主要的原因[97-101]。电化学迁移是一种电化学现象。根据 IPC-9201《表面绝缘电阻管控手册》定义，"当 PCB 长期处于高温高湿的恶劣环境中，其相邻导体间又有偏压的情况下，逐渐发生的金属离子迁移，并在基板上析出导电沉淀物，该过程称为电化学迁移"[102]。电化学迁移会使绝缘体处于离子导电状态，绝缘体绝缘性能发生退化，继而发生短路等故障。

20 世纪 50 年代，美国 Bell 实验室最早在电话交换机的连接件中发现了电化学迁移现象，但是由于早期的 PCB 线间距比较宽，发生电化学迁移的概率相对较低。随着 PCB 向高密度和小型化方向发展，电化学失效问题日益严重，电化学迁移的研究得到越来越多的重视。特别是从 20 世纪 90 年代以来，各国学者对电化学迁移现象的测试和研究日益增多，主要集中在电化学迁移形成机理、基材和环境条件（温度、湿度、施加电压）对电化学迁移的影响、电化学迁移的检测和试验等方面。

PCB 电化学迁移过程是发生在高温、高湿的使用环境中，并且两极间具有电场的条件下的[103-107]。其中，温度是电化学迁移反应的动力之一，湿度是影响电化学迁移形成的关键，一般情况下，温度和湿度共同作用于电化学迁移反应[95, 102-103]。当温度在 40 ℃以下时，电化学迁移等反应影响并不大，当温度高于 40 ℃时，铜等金属腐蚀反应的速度较大。一般在电子系统使用过程中，温度通常都是高于 40 ℃[95]，这为电化学迁移提供了加速因素，而环境中的湿气为电化学迁移的发生提供反应媒介，并作为电化学通道促进离子和导电沉淀物的运输。Johander 等人[108]研究了不同湿度条件下，环氧玻纤 PCB 的吸湿行为与电化学迁移性能之间的关系，结果得出电化学迁移发生的前提是玻纤表面吸水形成吸附膜。有研究进一步表明，该吸附膜的生成与金属表面极性和表面能有关[95]，当环境中相对湿度（relative humidity，RH）<50% 时，表面吸附膜还不足以引起腐蚀和电化学迁移，当 RH 达到 60%~70% 时，表面吸附水膜达到 20~50 个水分子层厚度，PCB 发生腐蚀，电化学迁移发生[109-110]。此外，当 PCB 表面上存在氯化物等污染物时，会显著地影响电化学迁移的敏感性，湿度临界值也可能降到 40%[95, 110]。Lando，Ready 等研究者[111-112]也研究了 PCB 在湿热环境下 PCB 的失效行为，进一步验证了温度、湿度和电压在电化学迁移过程中的影响。另外，PCB 的线路和结构设计也是影响 PCB 绝缘可靠性的重要因素[102]，Rudra 等[113]通过试验得出电化学迁移速率与导线间距成一定比例。

目前关于环境条件（温度、相对湿度、施加电压）、材料因素、加工工艺等对电化学迁移的影响研究越来越多。但是至今，测试结构图形对电化学迁移的影响研究以及影响因素量化模型的研究相对不足。因此深入地研究 PCB 绝缘失效问题，对 PCB 绝缘失效防护和电化学迁移的研究都具有重要的理论和实际意义。

此外，PCB 绝缘性能的评价基本上是通过耐电压和绝缘电阻（insulation resistance，IR）两个参数来表征[114]。目前为业内接受的 PCB 性能测试规范及测试标准为美国印刷电路学会（institute of printed circuit，IPC）的 IPC-TM-650、IPC 9201、Telcoredia (Bellcore) 测试规范等。PCB 绝缘电阻测试过程中，其测试图形常常采用不同间距的梳状图形，如图 1.3 所示。测试中，每隔一定时间测量梳型电极间的绝缘电阻，若电阻值大幅度下降甚至变为零，说明 PCB 已经丧失绝缘性能而认为失效。PCB 的质量优劣可以以失效

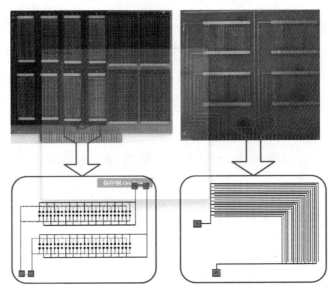

图 1.3　测试图形及对应结构示意图

时间长短衡量。测试图形中导线间距、测试图形形状、测试板的大小、测试板制程等，都会影响测试结果。目前，关于导线间距及其施加电压对电化学迁移的影响研究还不充分。综上所述，深入研究不同环境应力和导线间距对 PCB 性能的影响是分析 PCB 失效机理，提高其可靠性的关键环节。

1.2 数控系统 PCB 可靠性研究的意义

由于数控系统 PCB 高密度、多层化的发展要求，PCB 生产中线宽、线间距等越来越小，同时 PCB 在工作期间，还必须在工作电压、温度、湿度等各种环境应力的综合影响下长时间运行，PCB 面临着越来越多的失效及可靠性问题，如爆板、分层、开裂及绝缘失效等[115]。但由于 PCB 缺乏在工作应力状态下的可靠性特征量评估方法，使得 PCB 产品的可靠性设计难以进行，结果造成整个系统可靠性得不到保证。因此，要提高 PCB 功能部件的可靠性水平，确保加工任务的完成，有必要研究 PCB 在结构设计图形、工作电压和环境应力等综合作用下的可靠性试验技术及统计推断方法，定量地估计 PCB 在综合应力作用下的可靠性指标，验证其是否满足系统可靠性设计的要求及其在实际工作环境中能否支持系统可靠地工作，为系统可靠性增长奠定基础。

因此，在数控系统寿命周期的各个阶段，必须对 PCB 产品开展相应的可靠性工作，这是因为 PCB 作为数控系统电气连接的载体，其寿命和可靠性直接影响着数控系统的可靠性。然而 PCB 在生产和使用过程中，存在着各种各样的问题和许多影响因素，比如温度、相对湿度、污染物和尘埃等[97-98, 116]，这对 PCB 的稳定性和可靠性提出了挑战。在恶劣的环境下，PCB 很容易发生绝缘失效，引起线路间的短路，甚至烧毁元器件。因此为快速评价 PCB 在综合条件下的工作可靠性，预测 PCB 在工作过程中的可靠度，提高 PCB 的可靠性水平，有必要研究数控系统 PCB 在工作电压、环境温度和湿度综合作用下的可靠性试验技术以及可靠性评估方法，为实现数控系统 PCB 产品可靠性增长提供理论基础和指导方法，满足我国数控系统高可靠性的要求。

国家科技重大专项工程一直将可靠性作为数控机床与基础装配专项的重点实施内容和目标之一，以此增强我国高档数控机床和基础制造装备的自主创新能力，提高中国机床数控产业发展。本研究工作正是建立在这样一个工程需求背景下，以提高数控系统 PCB 的可靠性水平为目标，使其适应数控装置高可靠、长寿命的要求，以数控系统 PCB 成品板为研究对象，以 PCB 失效模式和失效机理分析为依据，开展理论研究并结合试验验证，基于加速寿命试验和性能退化试验技术建立数控系统 PCB 可靠性统计模型，为可靠性定量评估提供模型支撑；研究可靠性试验技术及数据统计检验方法，为快速评价数控 PCB 可靠性水平提供理论依据和数据支持，为提高数控系统的可靠性设计水平提供技术储备。此外，PCB 可靠性统计模型的建立，可以有效解决缺少寿命数据和缺乏可靠性统计模型的问题，并且可以通过模型分析来指导 PCB 设计、制造、可靠性特征量预测等环节。另外，根据建立的可靠性统计模型，本工作对数控系统 PCB 的可靠性特征量给出了评定的过程，这是对 PCB 产品进行可靠性控制的有效手段。通过考核产品的可靠性是否达到规定的目标，鉴定产品可靠性设计是否合理，从而采取相应措施与政策，加速产品可靠性增长过程，满足现代工业生产的发展要求。因此本书对 PCB 进行可靠性建模与试验技术的研究，在理论上和在工程实际应用上都是非常重要的。

1.3 数控系统 PCB 可靠性研究问题分析

目前数控系统进一步向小型化、高性能、高可靠性等方向发展，离不开数控系统 PCB 高密度集成技术，同时数控系统 PCB 还要在各种环境应力下长时间工作，极易发生 PCB 绝缘性能退化甚至引发短路失效。因此为快速评价数控系统 PCB 在综合应力条件下的工作可靠性，预测数控系统 PCB 在工作过程中的可靠度，提高产品的可靠性水平，有必要研究其在导电图形、工作电压和环境应力综合作用下的可靠性试验技术和统计推断方法，满足数控系统 PCB 高可靠的要求。在数控系统 PCB 可靠性建模与可靠性试验技术研究过程中，需要解决的关键技术主要包括以下几方面：

1. 数控系统 PCB 失效分析和性能变化规律研究问题

随着数控系统 PCB 产品不断向小型化、高密度、多层化等方向发展，以及数控系统工作环境的扩展，数控系统 PCB 面临的绝缘失效问题日趋显著。这直接影响到数控系统及基础制造装备的可靠性，因此针对数控系统 PCB 绝缘性能的失效分析、性能变化规律探索及可靠性评估的研究日益迫切。

研究显示，数控系统 PCB 使用环境中的温度、相对湿度、施加的偏置电压、导电图形等因素显著地影响着 PCB 的绝缘可靠性。在高温高湿的环境之下，PCB 在偏置电压驱动下，很容易发生电化学迁移失效，引起线路间的短路，甚至烧毁元器件。因此有必要研究数控系统 PCB 在导线布局、工作电压、环境温度和湿度综合作用下的失效机理，摸清数控系统 PCB 在工作环境下的性能变化规律，为快速评价数控系统 PCB 综合应力条件下的工作可靠性，预测其在工作过程中的可靠度提供理论支持。

2. 基于失效机理的数控系统 PCB 可靠性建模问题

可靠性统计模型是可靠性分析研究的基础，是可靠性试验设计与可靠性评估推断的依据，是最为基础和最为关键的研究内容。目前，虽然广大科研工作者针对工程技术领域的各种实际情况下的可靠性统计模型有了一定研究，但各模型往往只能解决某一类型问题，并没有建立起 PCB 准确的可靠性统计模型。数控系统 PCB 的失效寿命分布在各加速应力下是否为 Weibull 分布，加速可靠性试验是否改变了失效机理，综合应力下的加速模型如何建立与验证，这都需要根据数控系统 PCB 的性能变化规律及本身的特点来进行相应的研究。另外，可靠性统计模型的参数辨识需要考虑未知参数的联合分布，同时需要考虑模型参数的估计方法，因而建模更加复杂。

此外，目前的退化失效分析大多是基于已知的某种退化轨迹模型假定的，其大部分都假设退化服从线性模型或指数模型，而没有分析当前问题与假设的退化轨迹模型是否匹配或者相匹配的程度。同时在工程实际中，假设的某一种退化轨迹模型并不一定完全合适，且工程中有很多退化失效轨迹模型都没有已知的经验公式，因此在数控系统 PCB 性能退化研究中需要对其实际退化轨迹模型进行深入的研究。

3. 湿度应力对数控系统 PCB 绝缘失效的影响问题

PCB 绝缘劣化失效与 PCB 材料的吸湿性能、焊接应力和热稳定性等密切相关。其中，湿度是影响 PCB 绝缘失效的关键，当 PCB 吸收工作环境中的湿气后，玻璃 / 环氧分离界面会出现水分介质，为电化学迁移反应提供反应媒介和电化学通道，同时加上偏压的作用，导致电化学迁移失效发生引发绝缘失效。但当环境湿度低于某临界值时，电化学迁移很难发生。所以可以通过控制引发数控系统 PCB 电化学迁移发生的湿度临界值而预防电化学迁移的发生，提高数控系统 PCB 绝缘可靠性。

基于湿度应力对数控系统 PCB 绝缘性能的影响规律分析，研究数控系统 PCB 的湿度临界值，将导电图形中导线间距对湿度临界值的影响纳入考虑，建立导线间距及其间施加电压的综合作用与湿度临界值的量化模型。在设计 PCB 功能电路时，便可通过控制导线间距和施加适当的偏置电压来避免电化学迁移失效的发生，提高数控系统 PCB 甚至整个系统可靠性，同时也为本研究加速可靠性试验设计提供依据。

4. 可靠性试验和评估问题

可靠性试验是发现产品在设计、工艺等方面缺陷的有效途径，通过可靠性试验可以研究产品的失效机理及其影响，评价产品的可靠性特征量。随着科学技术的发展，高可靠长寿命产品越来越多，加速寿命试验和加速退化试验由于可以更有效地缩短试验时间而被广泛采用。目前，由于数控系统 PCB 缺乏可靠性试验及可靠性评估标准，因此如何开展数控系统 PCB 加速寿命试验和加速退化试验，如何利用加速寿命数据和加速退化数据对数控系统 PCB 失效过程进行分析，建立数控系统 PCB 可靠性统计模型，如何利用试验数据对模型参数进行辨识，实现利用高应力水平下的试验结果推导数控系统 PCB 正常使用状态或降额使用状态下的寿命，评估数控系统 PCB 可靠性，这是数控系统 PCB 可靠性工作的关键问题。

本书是以数控系统 PCB 的可靠性评估问题为背景，通过研究工作环境下数控系统 PCB 的失效机理，分析其在加速应力作用下的性能变化规律，建立数控系统 PCB 的可靠性统计模型，提出加速寿命试验和加速退化试验方法及其数据统计推断方法，为快速评估数控系统 PCB 在工作环境下的可靠性提供理论依据，为 PCB 功能部件及整机系统的可靠性评估和可靠性增长提供科学有效的支撑。

第2章
数控系统 PCB 失效分析及可靠性建模

目前电子产品不断向小型化、轻量化和高可靠化方向发展，使 PCB 中线宽、线间距、孔间距等更加细密。同时数控设备经常要在高温高湿等恶劣环境中长时间工作，PCB 出现不同程度的绝缘失效是难以避免的，这对 PCB 的可靠性提出了挑战。本章首先介绍了数控系统 PCB 在工作和试验中主要的失效模式和故障现象，认真分析研究这些失效现象，查明失效原因，借助各种手段和技术分析 PCB 失效机理，提出改进意见并采取相应措施；其次，基于产品性能失效分析和失效特征量的选取原则，调研国内外相关 PCB 的性能规范与测试方法，确定数控系统 PCB 绝缘性能的评价参数，并规定了数控系统 PCB 的失效判据，为数控系统 PCB 的可靠性试验和可靠性分析奠定基础；最后，针对加速寿命试验和加速退化试验分别探讨了产品的可靠性模型，包括加速模型、寿命分布模型和退化轨迹模型，并据此建立了数控系统 PCB 的失效寿命分布模型，这是外推和估计数控系统 PCB 可靠性特征量的核心，直接影响数控系统 PCB 质量控制和可靠性评估精度，此外还给出了双应力加速条件下的数控系统 PCB 加速模型建模方法，为后续数控系统 PCB 可靠性试验和可靠性模型研究提供了理论支撑。

2.1 数控系统 PCB 失效分析

2.1.1 数控系统 PCB 失效模式和影响

PCB 作为电子元器件的支撑体，巧妙地实现了导体和绝缘体的结合，提供电路导通和电子信号中继传输[103]。PCB 的可靠性一般表现为电路连接与绝缘两方面。由数控系统 PCB 的结构及功能可知，提供电路连接和信号传送的是数控系统 PCB 表面的导线布线和孔，因此保证数控系统 PCB 电路连接的可靠性主要是保证导线和孔互连可靠；而基板绝缘则由增强材料和树脂组成的预浸料特性决定，因此保证数控系统 PCB 的绝缘可靠性主要是保证导线间绝缘可靠。

绝缘可靠性是 PCB 两大可靠性之一。影响 PCB 绝缘特性的基材有许多类型，按树脂不同可分为聚酰亚胺型、三嗪树脂型、环氧树脂型等；根据增强材料类型可分为玻纤布、纸基等。不同的基材耐电化学迁移性能大不相同，一般地，耐电化学迁移性由优到劣的排列如下：玻纤布基聚酰亚胺，玻纤布基三嗪树脂，玻纤布基环氧树脂，纸基环氧树脂，纸基酚醛树脂。其中，玻纤布基环氧树脂预浸料简称环氧预浸料，因其强度高、耐热性好、介电性能好、成本适中等优点，成为数控系统 PCB 最常用的材料。但是环氧预浸料覆铜板具有较高的吸水性，而且所使用的半固化片具有较高的湿度敏感性[104]，同时金属铜对电化学迁移也是十分敏感的[94-95]，因此在高温 – 高湿 – 偏置电压（temperature, humidity and bias,THB）作用下 PCB 发生绝缘失效的概率也较高，这对数控系统 PCB 绝缘可靠性提出了挑战[114]。

　　数控系统 PCB 绝缘性能退化失效中最为典型的失效形式是短路、开路、烧毁、功能丧失或退化等。在对某一型号数控系统故障部件失效分析研究中，其统计结果也表明数控系统 PCB 是数控系统故障频发的部件，如图 2.1 所示。其产生的原因包括 PCB 吸收水分导致绝缘性能下降，PCB 在 THB 环境下的电化学迁移（ECM）引起的绝缘失效，PCB 上的污染物残留或助焊剂腐蚀引起的绝缘退化等。随着数控系统 PCB 上的导线间距越来越密集，信息传输速度越来越高，数控系统 PCB 所承受的工作温度随之不断上升，数控系统 PCB 发生绝缘失效的可能性不断增加。在工程应用中，数控系统 PCB 由于绝缘退化引发电路间的短路进而烧毁元器件，造成的破坏如图 2.2 所示。可以说，PCB 绝缘性能退化或者失效现象成为影响其质量和可靠性的主要因素[2,106]。

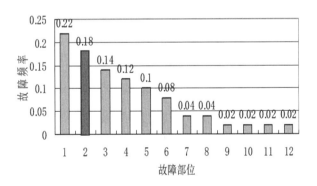

1. 驱动控制单元；　5. 电源模块；　　　9. 实时管理模块；
2. 印制电路板；　　6. 电气系统；　　　10. 手操盒；
3. 数控面板；　　　7. 预处理模块；　　11. 输入模块；
4. 检测反馈单元；　8. 位置控制模块；　12. 其他

图 2.1　数控系统故障部件频率直方图

图 2.2 数控系统 PCB 因绝缘失效而造成的破坏

2.1.2 数控系统 PCB 失效机理

随着科技日新月异的发展，数控系统的组成部件不断向小型化、密集化方向发展，作为电子元器件装联的载体和电子组件的重要组成部分，PCB 的设计密度越来越高，表现为更细的导线、更小的间距、更薄的绝缘层、更复杂的层间电路布局等。与此同时，信号传输速度要求不断加快。近年来，电极之间的电化学迁移（ECM）导致 PCB 故障的案例越来越多，ECM 逐渐成为导致 PCB 发生绝缘性劣化的主要原因。

根据 IPC-9201《表面绝缘电阻管控手册》[102] 中定义，"当 PCB 长期处于高温高湿的恶劣环境中，其相邻导体间又有偏压的情况下，会逐渐发生金属离子迁移，并在表面沉淀析出金属或其化合物，该过程称为电化学迁移"。由于析出的沉淀物呈树枝状，故也称为枝晶。电化学迁移过程中的枝晶生长，如图 2.3 所示。

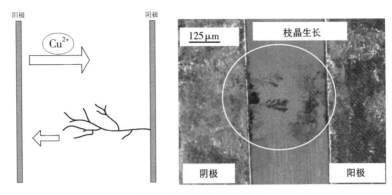

图 2.3　电化学迁移和枝晶生长 SEM 图

电化学迁移是一种电化学现象[117-119]，其过程主要包括阳极金属溶解和阴极离子沉淀，以数控用的环氧预浸料覆铜板为例，电化学迁移过程中发生的化学反应如下：

（1）在阳极发生金属 Cu 的溶解，同时发生水的电离：

$$Cu \rightarrow Cu^{2+} + 2e^- \tag{2.1}$$

$$H_2O \rightarrow \frac{1}{2}O_2 + 2H^+ + 2e^- \tag{2.2}$$

（2）在阴极发生 H^+ 聚集并得到电子，阴极有 H_2 析出以及金属沉积：

$$2H_2O + 2e^- \rightarrow 2OH^- + H_2\uparrow \tag{2.3}$$

$$H_2O + \frac{1}{2}O_2 + 2e^- \rightarrow 2OH^- \tag{2.4}$$

$$Cu^{2+} + 2e^- \rightarrow Cu \tag{2.5}$$

从如上化学反应过程可以得知，电化学迁移的过程可以分为 3 个：阳极金属溶解→金属离子移动→阴极金属或金属氧化物析出。首先，金属在阳极发生溶解生成金属离子，然后在电场力的推动下不断向阴极方向移动和扩散，同时在基板上还原析出金属或氧化物（或氢氧化物）；或者金属离子一直迁移到阴极，在阴极上发生析氢反应、溶解氧的还原反应和电化学沉积反应。因此在电化学迁移发生过程中，其发生的条件是存在偏置电压、水分和导电路径，该过程简单说，包含以下四个步骤[120-121]：

（1）PCB 两金属电极在外加偏置电压的情况下，通过吸湿或者凝结生成水膜；

（2）生成的水膜作为电解质溶液在阳极溶解金属离子；

（3）在阳极溶解的金属离子向阴极方向迁移和扩散；

（4）迁移和扩散的金属离子在基板上或者在阴极上还原析出金属或氧化物或氢氧化物。

重复上述过程，PCB 电极或线路间析出的沉淀物就会引发短路失效。

对于数控用环氧预浸料覆铜板，由于环氧树脂吸水性大，因此当数控装备在湿度较大的地区工作时，数控系统 PCB 表面吸收空气中的水分为电化学迁移提供溶液媒介，电极电位低的金属 Cu 发生原电池腐蚀氧化，失去电子形成 Cu^{2+}；而数控系统 PCB 工作过程中本身处于带电状态，为电化学腐蚀和离子迁移提供动力，如此在浓度梯度和电场力的综合作用下，阳极上不断发生 Cu^{2+} 产生、迁移、新的 Cu^{2+} 产生，同时 Cu^{2+} 在基板或者在阴极上发生还原反应，析出导电金属 Cu 或 Cu 化合物。与此同时，高速负载操作下数控系统 PCB 运行温度的不断上升，加深了化学反应程度，湿热的工作环境使数控系统 PCB 的环氧树脂与玻纤之间的附着力出现劣化，为 Cu^{2+} 迁移和导电沉淀物生长提供了通道，最终导致了电化学迁移的发生。电化学迁移会导致数控系统 PCB 绝缘性能降低甚至线路间短路。由于数控系统 PCB 绝缘可靠性关系到整机设备的稳定性，因此对电化学迁移的探讨为保障数控系统及其功能部件的可靠性起到一定的指导作用。

2.1.3 数控系统 PCB 耐电化学迁移影响因素

数控系统 PCB 在一定条件下发生电化学迁移而造成的失效，主要表现为 PCB 的绝缘性能下降，严重引起线路中电子元器件发热、短路等，甚至烧毁元器件引发火灾等事故。在第四届全国覆铜板技术 & 市场研讨会中有报告指出 [122]，由于电化学迁移引起的电器着火而造成的火灾比例相对较高,造成了严重的经济损失。并且由于起火事故往往破坏了 PCB 的原始状态，所以电化学迁移失效引发的事故也许更多，损失很大。导致数控系统 PCB 电化学迁移的影响因素有很多，除了与 PCB 基板所使用的材料、基材的加工过程、PCB 制造工艺等密切相关，还受到湿度应力、温度应力、电压应力、导电图形的结构等影响。影响数控系统 PCB 的电化学迁移的因素如图 2.4 所示。

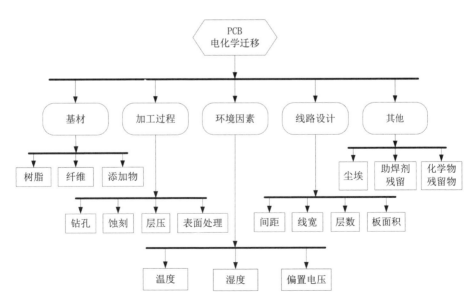

图 2.4 影响 PCB 电化学迁移的因素

从基材的内部因素来看，PCB 基板的构成因素主要有两个方面：①树脂、纤维和添加物等。具体来说包括树脂的组成、官能团、固化程度、离子浓度（杂质、水解性能等）、吸湿性（吸水率）等，玻璃纤维的种类、密度、表面处理、吸潮性等，树脂与纤维的结合程度，结合度越好，玻璃纱越容易被充分填满，这样不容易起泡，从而减少导电离子迁移的概率。另外，添加物等在被加热过程中产生的应力也会对 PCB 的电化学迁移性能产生影响。②加工条件。钻孔、蚀刻、层压、表面处理等工艺都可以对耐电化学迁移产生影响，通孔的条件（有无电镀液残留），积层条件（树脂间黏合性），加工工艺残留物（粗化、电镀等的残液）等都会使 PCB 的耐电化学迁移性能下降。

从电化学迁移形成机理来看，由于发生电化学迁移现象的条件是存在高温高湿和偏置电压，因此可以说环境中的温度、湿度和电压是引发电化学迁移失效的关键因素。其中，温度是增进电化学反应的动力之一，温度变化可以改变化学反应速率和机制，同时影响材料的机械性能和电性能。温度的升高通常会加速材料的物理、化学反应过程，诱发失效。此外，温度还显著地影响到电子产品材料的物理化学性能、电性能以及机械性能，而且极大地影响着电子产品的腐蚀过程，当物质的温度升高，构成物质的分子的运动会更加活跃，相反，温度变低，分子的运动就会变慢，在接近 −273 ℃附近的温度范围内，几乎所有分子运动都停止了。湿度是指空气中水蒸气的含有量，是电化学迁移发生的前提条件之一，一般来说，空气中湿度越大，金属表面越易吸湿凝结，形成的电解水膜存在的时间也越长，腐蚀速度则会相应增加。当空气中湿度达到一定值时，各种金属腐蚀速率急剧增加，此时的湿度值称为临界湿度，各种金属都存在一个腐蚀速度开始急剧增加的临界湿度，例如，钢铁、铜、镍、锌等金属的临界湿度约在 50% ~ 70% 之间[123]。一般，湿度影响是与温度综合起作用的，由温度和湿度诱发的电化学迁移失效进而产生的短路、开路等故障，成为可靠性工程最为头痛的问题。

从电化学迁移形成机理同时可以得到，电压是离子迁移的驱动力，是电化学迁移形成的一个关键因素，外加电压越大，相当于施加于相同间距上的电场强度越大，越有利于阳极金属的溶解，同时，阳极上由原电池反应产生的金属离子在电压推动下也能更快速地运动到阴极。在浓度梯度的作用下，阳极溶解加速而产生大量的金属离子，这又进一步加速阳极发生溶解，溶液内产生更多的金属离子，为电化学迁移的发生创造了条件。

电化学迁移的影响因素除了 PCB 的材质、环境及加工工艺，PCB 的线路和结构设计也与电化学迁移的形成密切相关，因为线路和结构的设计影响着 PCB 上的电场分布和易氧化金属材料所带的电极性。当两相邻的导线（或电极）间有直流电场存在，包括存在电位差，则在湿热环境下，在阳极的金属极易发生离子化并向阴极迁移，也就是说，金属离子的产生和迁移与线路间距及其间存在的电场有直接的关系。PCB 线路越密，线路间距越小，电化学迁移的时间越短。同时，电化学迁移的发生与安装在线路中的元器件的金属材料的物理性能也有关系，比如金属离子的水解性、离子的迁移度等，都对电化学迁移现象的发生具有显著的影响[119]。

此外，从 PCB 表面潜在的诱因来看，基板上安装元器件和金属构件留下的未能洗净的化学品残留物、灰尘等污染物、助焊剂残留物等都是影响 PCB 耐电化学迁移的影响因素。表 2.1 列举了在数控系统 PCB 制造过程中可能对电化学迁移产生影响的工序或工艺。

表 2.1 不同工序对电化学迁移性能影响因素表

工序	参数	组分或功用
选材		
树脂	含量、组成、官能团、固化程度、离子浓度、吸湿性等	基体树脂，黏合剂
纤维	种类、密度、表面处理、吸潮性等	提供机械强度和电绝缘性能
添加物	固化剂、阻燃剂、填充剂、加速剂	改善材料性能
加工		
钻孔	钻孔孔径、进给速率、转速、垫材等	钻孔参数等对孔壁质量的影响会对电化学迁移能力产生影响
蚀刻	蚀刻溶液的纯度、温度、蚀刻时间	控制蚀刻工艺的条件对耐电化学迁移性能有很大影响
层压	压力、升温速度、固化时间等	层压过程中压力等的控制会在纤维和树脂面产生微小空隙，形成离子迁移路径
表面处理	表面处理类型	表面处理要求不同，发生电化学迁移概率不同
线路和结构设计		
板面积	外形尺寸、板厚	面积越大，生产过程中受到损伤和污染的可靠性越大，电化学迁移概率越大
层数	1~24 层	层数越多，制程和搬运次数也越多，电化学迁移概率越大
线宽 / 间距	≥ 0.1 mm	密度越小，生产中抗损伤与污染的能力相应越差
表面贴装		
焊膏印刷	焊膏类型、黏度、助焊剂种类等	将焊膏或贴片胶漏印到 PCB 的焊盘上，为元器件的焊接做准备
贴装	贴装技术	将表面组装元器件准确安装到 PCB 的固定位置上
回流焊接	回流焊类型	将焊膏熔化，使表面组装元器件与 PCB 板牢固粘接在一起
清洗	水清洗、半水清洗、免清洗、溶剂清洗	其作用是将组装好的 PCB 板上面的对人体有害的焊接残留物（如助焊剂等）除去

工序	参数	组分或功用
检测		
外观	外观质量、结构尺寸、包装质量、铭牌标志	主要通过目测等手段检查 PCB 应满足的条件及要求
性能	耐高低温度、耐电压、耐潮性、绝缘性	通过环境试验等检测 PCB 组件的性能要求

PCB 是由绝缘体和导体经过特殊加工形成的一种层状复合材料，是电子产品的重要和核心部件[124]。随着电子产品不断向小型化、环保化和多功能化方向发展[96]，PCB 连线密度越来越高、层间距越来越窄、线条越来越细，互连导通孔越来越小，因此若在设计、选材、制造、连接、贴装及检测等任何环节稍有疏漏，就会留下隐患，引起电化学迁移失效[100-103,125]。

2.2 数控系统 PCB 绝缘失效判别

2.2.1 失效判别分析

任何产品都是具有一定功能的。在可靠性工程中，失效可以定义为产品在规定的条件下和规定的时间内丧失规定功能的现象。产品失效是一个十分复杂的过程，是产品内在失效机理与外部工作环境、操作失误等因素综合作用的结果。失效过程具有不可逆性、不稳定性、累积性等特点。

在传统的可靠性分析或研究中，失效一般只考虑产品具有某种功能或不具有某种功能，即正常或失效。正常是产品在工作或储存过程之中，一直保持或基本保持所规定的功能；失效即产品在某一时刻，所需要的功能完全丧失，如容器壳体开裂、电路短路、曲轴断裂等。但实际上，产品在使用或贮存过程中，往往由于环境和工作条件等影响，其性能随时间的变化逐渐发生了改变，性能指标不再满足预先的规定，尽管产品仍能工作但不能完成规定的功能（或者说产品功能发生衰退），此时从可靠性的定义上看，这也是失效，有别于传统的失效定义，这种失效定义为"性能失效"[126]。其原因可能是绝缘材料的老化、机械部件的磨损、元器件电性能的衰退等。

在产品性能失效分析过程中，首先需要确定能够比较准确反映产品性能特征发生变化的特征量。性能失效特征量一般具有三个特点[126-129]：一是要能够体现产品的工作特征、寿命状态和产品完成规定功能的能力，二是要易于测量并且相对稳定，三是随着产品工作或试验时间的增长呈现出明显的趋势性变化，可以比较客观地反映出产品的工作状态。由此可见，性能失效特征量可以客观地评价产品的性能特征和工作可靠性，因此，性能失效特征量的选择和确定非常关键。

性能失效特征量是反映产品性能特征发生变化的参数值，又要明显体现产品性能随着工作或试验时间发生的变化，需要依据产品应该完成的规定功能来选取。当产品的性能失效特征量确定以后，下一步就要确定失效判据，这是产品性能可靠性分析的基础工作。失效判据（或称为失效阈值）是判断产品完成规定功能或丧失规定功能的依据，可以是一个固定值，也可以是一个随机变量，这由工程实际问题决定，失效判据一般按照产品的设计要求来确定，工程中的大部分失效阈值都是固定值[126]。当产品的失效特征量超出规定的范围（即失效判据）时，则可以判定产品性能失效。

2.2.2 数控系统 PCB 绝缘失效判据

如前所述，绝缘可靠性是衡量数控系统 PCB 可靠性的重要指标之一。目前 PCB 高密度互连和轻薄短小的外形设计，使导线间距缩小更容易导致电化学迁移，由此引发的线间、层间绝缘可靠性问题更加突出。通过对 PCB 失效的调研分析可知，PCB 在工作或试验中的失效，主要表现为在高温－高湿－偏压（THB）作用下的绝缘退化[109–114]。通过查阅国内外相关 PCB 的性能规范与测试方法得到，绝缘性能的评价可以通过绝缘电阻 IR(insulation resistance) 来表征[114,130]。根据 IPC-9201 和 IPC-TM-650 关于绝缘电阻的介绍，绝缘电阻反映了材料和电极系统的属性，用于评价介于两导体或导线之间绝缘材质的抗电阻性。目前绝缘电阻测试广泛用于测试评价 PCB 的各项性能检测和失效预计中。据此，本书研究选取绝缘电阻作为数控系统 PCB 绝缘失效特征量。

Yang S 和 Christou A[131] 通过试验指出电化学迁移过程主要包括吸湿形成水分路径，金属溶解产生离子，金属离子发生迁移和导电沉淀物的生长，试验通过在不同阶段测试 PCB 绝缘电阻值，发现绝缘电阻在不同阶段变化不同，具体如图 2.5 所示。由图 2.5 可得到，PCB 会由于发生电化学迁移引发绝缘电阻值的变化，一旦电化学迁移过程完成生成导电沉淀物，会造成 PCB 两电极或者导线之间绝缘短路引发失效，此时绝缘电阻值降至 100 MΩ 甚至更低。再根据标准 IPC J-STD-004[132]，IPC TM-650[133] 和 IPC 9201[102] 中的相关规定，其中指出当 PCB 的绝缘电阻降到 100 MΩ 时，便可认定 PCB 绝缘失效。据此，本研究中选定数控系统 PCB 绝缘失效判据为 100 MΩ。

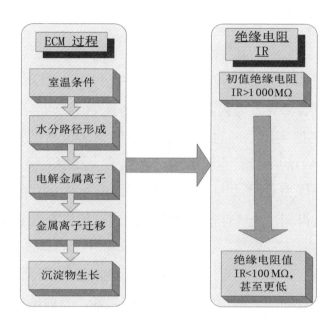

2.3 PCB 的可靠性统计模型

产品的可靠性试验与分析都必须在一定的可靠性统计模型基础之上才能进行，需要首先建立可靠性统计模型，才能进行可靠性试验方案设计、优化以及试验数据的统计处理。因此，产品可靠性统计模型的建立是最为基础和最为关键的研究内容。

2.3.1 加速寿命试验可靠性统计模型

加速寿命试验的可靠性统计模型主要包括产品寿命分布模型和描述产品寿命（或产品可靠性指标）与应力水平关系的加速模型。

2.3.1.1 寿命分布模型

产品的寿命分布模型即产品的失效概率分布函数或累积失效

概率函数,通过产品的寿命分布模型,可以求出产品的可靠度函数、失效率函数、寿命特征量（如平均寿命、特征寿命、中位寿命和可靠寿命）等估计值。即使不能确定产品具体的寿命分布模型,但若能知道失效分布的类型,那么也可以通过估计失效分布的参数求得部分可靠性特征量的估计值。因此,产品寿命分布模型的研究具有重要的意义。

目前,在可靠性工程中,最基本、常用的寿命分布模型有:

1. 指数分布

指数分布广泛应用于电子元器件、复杂系统和整机以及机械技术等可靠性领域,它适合于失效率为常数的情况,可以用来描述浴盆曲线的盆底段。设产品在应力水平 S 下的寿命 T 服从指数分布,寿命分布函数为

$$F(t \mid S) = 1 - \exp[-\lambda(S)t] \qquad t > 0 \qquad (2.6)$$

式中, $\lambda(S)$ 为产品在应力水平 S 下的失效率。

在指数分布场合下,常用平均寿命 $\theta(S)=1/\lambda(S)$ 作为加速模型的参数。

指数分布是可靠性统计中最重要的一种分布,几乎是专门用于描述电子设备可靠性的一种分布。由于其失效率是常数,与时间无关,当产品在某种"冲击"（如电应力或温度载荷等）作用下失效,没有这种"冲击"该产品就没有失效时,可用指数分布来说明。当系统是由大量元件组成的复杂系统,其中任何一个元件失效就会造成系统故障,且元件间失效相互独立,失效后立即进行更换,经过较长时间的使用后,该系统可用指数分布来描述。另外,经过老练筛选,消除了早期故障,且进行定期更换的产品,其工作基本控制在偶然失效阶段,也可以使用指数分布。

从开始研究可靠性以来，指数分布一直得到广泛的应用，因为它计算简单，参数的估计容易，且失效率具有可加性，所以当系统中各元器件的失效都服从指数分布时，其系统的失效时间也应服从指数分布。指数分布的另一特点是"无记忆性"，即某产品工作一段时间 t 后，仍同新品一样，不影响未来工作寿命的长度。

2. Weibull 分布

Weibull 分布在可靠性理论中适用范围较广，尤其两参数的 Weibull 分布。由于 Weibull 分布和其他分布的关系比较密切，且当分布中的参数不同时，它可以蜕变为指数分布、瑞利分布和正态分布，因此它对各种类型的试验数据的适应能力较强，其应用比较广泛。Weibull 分布可以全面描述浴盆失效概率曲线的各个阶段。大量实践说明，因为某一局部失效而引发的全局机能故障的元器件、设备、系统等的寿命适合 Weibull 分布。若产品在应力水平 S 下的寿命 T 服从 Weibull 分布，寿命分布函数为

$$F\left(t \mid S\right) = 1 - \exp\left[1 - \left(\frac{t}{\eta\left(S\right)}\right)^{m(S)}\right] \quad t > 0 \quad （2.7）$$

式中，$m(S)$ 为形状参数，$\eta(S)$ 为特征寿命。

Weibull 分布根据形状参数 m 的数值，可以区分产品的不同失效类型。当 $m>1$ 时，失效率随时间的变化为递增型；当 $m=1$ 时，为恒定型；当 $m<1$ 时，为递减型。当 $m=3\sim4$ 范围时，其与正态分布的形状很近似。特征寿命 η 起到放大或缩小坐标尺度的作用，尺度参数往往与工作条件负载的大小有关，负载越大，尺度参数越小；反之亦然。

在加速寿命试验中，常常假设形状参数与应力水平无关，即

$m(S)=m$，而用特征寿命 $\eta(S)$ 作为加速模型的参数 [32]。

3. 正态分布

正态分布在数理统计学中是一个最基本的分布，在可靠性工程技术中也经常用到，例如，在描述材料强度、磨损寿命、疲劳失效等失效寿命时经常用到正态分布。若产品在应力水平 S 下的寿命 T 服从正态分布，其寿命分布函数为

$$F\left(t\,|\,S\right)=\frac{1}{\sqrt{2\pi}\sigma\left(S\right)}\int_{-\infty}^{t}\exp\left[-\frac{\left(t-\mu\left(S\right)\right)^2}{2\sigma^2\left(S\right)}\right]\mathrm{d}t \qquad t>0$$

（2.8）

式中，$m(S)$ 为随机变量的均值，$\sigma(S)$ 为随机变量的标准差。

在加速寿命试验中，常常假设随机变量的标准差与应力水平无关，即 $\sigma(S)=\sigma$，而用随机变量的均值 $m(S)$（亦即中位寿命）作为加速模型的参数。

对可靠性来说，正态分布有两种基本用途：一种用于分析由于磨损（如机械装置）、老化、腐蚀而发生故障的产品；另一种用于对制造的产品及其性能进行分析及质量控制。但是由于正态分布是对称的，随机变量取值范围是 $-\infty$ 至 $+\infty$，用它来描述寿命分布时，会带来误差。

4. 对数正态分布

对数正态分布近年来在可靠性领域中受到重视，有许多产品（如绝缘体、半导体元器件、金属疲劳等）的寿命都服从对数正态分布。寿命 T 的对数 $\ln T$ 服从正态分布，则称 T 服从对数正态分布，即 $X=\ln T\sim N(m,\sigma^2)$。那么，对数正态分布的分布函数为

$$F\left(t\right)=\int_0^t\frac{1}{\sqrt{2\pi}\sigma x}\mathrm{e}^{\frac{-(\ln x-\mu)^2}{2\sigma^2}}\mathrm{d}x=\varPhi\left(\frac{\ln t-\mu}{\sigma}\right) \qquad （2.9）$$

式中，m 为对数均值，σ^2 为对数方差。

此外，泊松分布、Gamma 分布等也是可靠性理论中经常用到的分布。

2.3.1.2 加速模型

加速模型反映了产品在加速应力水平下的寿命和正常应力水平下的寿命之间的关系。加速模型通常是根据物理、化学模型获得，目前常见的加速模型有：

1. 阿伦尼斯（Arrhenius）模型

温度是加速寿命试验中最常施加的应力之一，在加速寿命试验中，当加速应力是温度时，产品会快速失效。阿伦尼斯通过研究电子元器件等产品在高温下的化学反应，在大量数据的基础上提出了 Arrhenius 模型。

$$\xi = Ae^{E/k_BT} \tag{2.10}$$

式中：ξ 表示某寿命特征，如平均寿命、中位寿命等；A 为与产品特征、几何形状、试验方法有关的正常数；E 为激活能，与材料有关；k_B 是玻尔兹曼常数 $k_B=1.38 \times 10^{-23}$ J/K；T 表示绝对温度（K），E/k_B 被称为激活温度。

阿伦尼斯模型表明：寿命特征随着温度的上升而呈指数下降趋势。

2. 逆幂律模型

电应力是加速寿命试验中一种常见的非热应力，在加速寿命试验中用电应力（如电压、电流、电功率等）作为加速应力时，物理上已被很多实验数据证实，产品的某些寿命特征与应力之间满足逆幂律模型：

$$\xi = AV^{-c} \tag{2.11}$$

式中，ξ 表示某寿命特征，如平均寿命、中位寿命等；A 为一个正常数；c 表示一个与激活能有关的正常数；V 表示电应力。

逆幂律模型表明：产品的某种寿命特征是电应力的负次幂函数。

阿伦尼斯模型和逆幂律模型是最常用的加速模型。它们的线性化形式可以统一写为

$$\ln\xi = a + b\varphi(S) \qquad (2.12)$$

式中：ξ 表示某寿命特征；$\varphi(S)$ 表示应力水平 S 的已知函数〔当 S 为绝对温度时，$\varphi(S)=1/S$，当 S 为电压时，$\varphi(S)=\ln S$〕；a，b 是待定参数，它们的估计需要从加速寿命试验的数据中获得。

3. 单应力艾林（Eyring）模型

当加速应力为温度时，常常还使用艾林模型作为加速方程，即

$$\xi = \frac{A}{T}\mathrm{e}^{\frac{E}{k_{\mathrm{B}}T}} \qquad (2.13)$$

式中：ξ 表示某寿命特征；A 为待定常数；k_{B} 为玻尔兹曼常数；T 为绝对温度。

艾林模型是根据量子力学理论导出的，它与阿伦尼斯模型只相差一个系数 A/T。当绝对温度 T 的变化范围较小时，A/T 可近似看作常数，这时艾林模型近似为阿伦尼斯模型。在很多场合下，可以使用这两个模型去拟合数据，并根据拟合好坏来决定选用哪个模型。

上述 3 个加速模型是单应力加速寿命试验中最常用的模型，为了易于对加速模型中的待估常数进行统计推断，通常可对上述模型做一定的变换变为线性模型。

4. 指数型模型

美国军用标准 MIL-HDBK-217E（1986）对各种电容器的加

速寿命试验建议使用如下指数型模型：

$$\xi = Ae^{-BV} \tag{2.14}$$

式中，A，B 为待定常数；V 为电应力。

5. 多应力广义 Arrhenius 模型

当施加多应力作为加速应力时，文献 [134] 中提出了多应力广义 Arrhenius 模型，也称多项式加速模型。其加速模型为

$$\xi = \exp\left[c_0 + c_1\varphi_1(S_1) + \cdots + c_l\varphi_l(S_l)\right] \tag{2.15}$$

式中：应力 $S = (S_1, S_2, \cdots, S_l)^{\mathrm{T}}$ 是 l 维的；$c_0, c_1, c_2, \cdots, c_l$ 为待估常数；$\varphi_1(\cdot), \cdots, \varphi_l(\cdot)$ 为已知函数。

6. Coffin–Manson 模型

该模型的建立主要用来描述由于受到热循环的金属疲劳失效的原理，现已广泛应用于机械部件和电子部件。Coffin–Manson 模型描述的是额定失效周期与温差的关系，即

$$\xi = \frac{A}{(\Delta T)^B} \tag{2.16}$$

式中：ξ 表示名义失效周期；$\Delta T = T_{\max} - T_{\min}$ 表示温差范围；A 和 B 是材料特性和产品设计的特征常数，通常有 $B > 0$。

7. 寿命 – 振动模型

振动有时可以作为加速电子产品、机械产品疲劳失效的应力。疲劳寿命与振动之间的关系与逆幂律模型相似，可写为

$$\xi = \frac{A}{G^B} \tag{2.17}$$

式中：ξ 表示疲劳寿命；A，B 为常数；G 表示 $G_{\mathrm{rms}}(g)$，为加速度均方根。对于正弦振动，$G_{\mathrm{rms}}(g)$ 等于加速度峰值乘以 0.707；对于随机振动，$G_{\mathrm{rms}}(g)$ 等于功率谱密度（PSD，$\frac{g^2}{\mathrm{Hz}}$）的均方根。

MIL-STD-810F 给出了不同类型产品的 B 值。比如，随机振动下航空军用电子设备取 4，正弦振动取 6。一般地，B 可由试验数据估计得到。

8. 寿命 – 尺寸模型

为满足实际的各种要求，需要制造各种尺寸大小的产品，尺寸的大小可能会影响产品的寿命。研究表明，绝缘电容器、微电子导体等产品的失效率是与产品尺寸成比例的，可通过改变设计控制水平来达到加速的目的。Nelson 等得到失效率与产品尺寸的关系式，即

$$\lambda'(t) = \left(\frac{s'}{s}\right)^{B} \lambda(t) \qquad (2.18)$$

式中：$\lambda(t)$ 与 $\lambda'(t)$ 分别表示产品尺寸为 s 与 s' 时的失效率；B 表示与材料特性、失效准则、产品设计等相关的尺寸影响系数，该系数为常数。

式（2.18）描述了试验条件对失效率的影响，而不是对寿命的影响。同时，使用条件的寿命并不是简单地用试验条件（尺寸）下的寿命乘以加速因子。由于复杂性，目前加速寿命试验的应用只限于几种情况，例如产品寿命服从 Weibull 分布等，这里不做具体阐述。

9. 广义 Eyring 模型

加速寿命试验中，当选择温度与电压同时作为加速应力时，Goldberg 提出了广义 Eyring 模型作为加速模型[15]，即

$$\theta = \frac{A}{S_1} \exp\left(\frac{B}{k_{\mathrm{B}} S_2}\right) \exp\left(C S_2 + \frac{D S_2}{k_{\mathrm{B}} S_1}\right) \qquad (2.19)$$

式中：θ 为母体参数；A, B, C, D 为待估常数；k_{B} 为玻尔兹曼常数；S_1，S_2 为施加应力。

可以看出，广义 Eyring 模型是广义 Arrhenius 模型的特例。

需要指出的是，上述这些模型是在应力的某一范围内生效，超出规定范围就不再适用。这是由于当产品的失效机理发生改变时，必须根据物理、化学原理建立新的适当的加速模型，否则将无法保证统计推断的精度[134]。

2.3.2 加速退化试验可靠性统计模型

产品加速退化试验的可靠性统计模型主要包括描述产品性能失效特征量随时间变化的退化轨迹模型、性能退化试验数据的分布模型和描述产品寿命（或产品可靠性指标）与应力水平之间关系的加速模型。

2.3.2.1 退化轨迹模型

产品的退化轨迹是描述产品在某一应力水平下性能失效特征量随时间变化的关系函数，它具有单调性，并且可以由线性或线性化模型来表达，尤其是对于电子产品更是如此。产品的性能退化轨迹一般用以下五种模型来进行有效拟合，通常，在误差允许的条件下，可以把有效拟合后的退化轨迹看作产品的实际退化轨迹[62,135]。

（1）线性模型：$y_i = \alpha_i \cdot t + \beta_i$；

（2）指数模型：$y_i = \beta_i \cdot e^{\alpha_i \cdot t}$；

（3）幂模型：$y_i = \beta_i \cdot t^{\alpha_i}$；

（4）自然对数模型：$y_i = \alpha_i \cdot \ln(t) + \beta_i$；

（5）Lloyd–Lipow 模型：$y_i = \alpha_i - \beta_i / t$。

其中，y_i 表示产品性能失效特征量；t 为时间；i 表示在某一应力水平下试验样品的数量；α_i，β_i 为退化轨迹模型系数。在这里需要指出的是，时间 t 可以表示狭义的时间，也可以表示广义的概念，如汽车的里程数、绝缘电阻等。

退化失效型产品的性能可以用产品关键的性能特征量来描述，性能特征量的大小可以反映产品性能的优劣，并且随产品试验或工作时间的延长缓慢地发生变化。在实际工程技术中，评判产品是否失效一般需要事先规定失效判据，当产品退化达到所规定的失效阈值时，则判定该产品失效，即认为此时产品不能正常工作。失效阈值包含两种，一种是只与退化量自身有关，产品性能特征量达到这个阈值即失效，这种失效阈值称为绝对失效判据；另一种是在实际退化中，使用退化量与其初始值的比值来表示产品性能的情况，这种情况下的失效判据，称为相对失效判据。在实际工程问题中，失效判据可能是一个固定值，也可能是一个随机变量，亦即绝对失效判据和相对失效判据。本书研究主要针对绝对失效判据。

2.3.2.2 加速模型

加速退化试验的加速模型与加速寿命试验的加速模型相似，根据所施加的应力不同而存在如 Arrhenius 模型、逆幂律模型，广义 Eyring 模型等加速模型。

2.3.2.3 性能退化数据的分布模型

性能退化数据分布模型的建立主要有两种：第一，从产品的失效过程分析层面来推断产品性能退化数据的分布模型；第二，假设产品的性能退化数据服从某一分布模型，然后通过设计加速退化试验和数据统计检验验证分布是否成立。

2.4 数控系统 PCB 可靠性建模及分析

2.4.1 数控 PCB 失效寿命分布模型建模

PCB 作为电子元器件的支撑体，实现了导线电路间绝缘和电气信号导通的功能。从功能上看，其导电功能线路上任何一施加电压处发生绝缘短路，都会导致整块 PCB 发生失效，换句话说 PCB 的绝缘寿命取决于其完整的功能电路绝缘性。前面已经介绍过，数控系统 PCB 的绝缘性是考核数控系统 PCB 可靠性的主要指标之一，而 PCB 的绝缘寿命取决于其线路间的绝缘电阻。因此 PCB 的失效分布属于一个最小极值问题。故假定导电线路中的 n 点，第 i 处的寿命为 T_i（$i=1, 2, \cdots, n$），则 PCB 的寿命 T 应该取决于导电线路各处的最小寿命，即

$$P(T > t) = P(T_1 > t)P(T_2 > t)\cdots P(T_n > t) \qquad (2.20)$$

假定导电线路各处的寿命相互独立，而且分布都为 $F_e(t)$，则 PCB 的寿命分布满足 $T= \min\{T_1, T_2, \cdots, T_n\}$，故 PCB 寿命分布函数 $\varphi(t)$ 可表示为式（2.21）所示。

$$\varphi(t) = 1 - P(T > t) = 1 - [1 - F_e(t)]^n \qquad (2.21)$$

式中，$F_e(t)$ 为导电线路每处的寿命分布。

式（2.21）即为 PCB 绝缘失效寿命分布函数。Gumbel[136] 证明当 $n \to \infty$ 时，若 $F_e(t)$ 左端尾部有界，则式（2.21）所示的分布函数趋向于 III 型极小值分布，如式（2.22）：

$$F_{\min}(t) = 1 - \exp\left[-\left(\frac{t}{\eta} \right)^m \right] \qquad (2.22)$$

式（2.22）亦即两参数的 Weibull 分布。

在实践运用中，通常采用指数分布、正态分布、对数正态分布和 Weibull 分布等模型来描述产品寿命分布。然而，指数分布由于仅含一个参数，很难刻画电子元器件在复杂条件下的可靠性寿命特征[137]。正态分布也不宜直接作为寿命分布，因为其定义域包括负值，同时不少产品的寿命值大小差异较大，往往可以跨几个数量级，离散性较大。Weibull 分布被广泛应用于可靠性领域，因为它在数据拟合上极富弹性，能全面地描述浴盆失效率曲线的各个阶段。据此，为便于计算，本书优选两参数的 Weibull 分布代替严格的极小值分布，来表示数控系统 PCB 的失效寿命分布，并将在以后章节予以验证。Weibull 分布的概率密度函数可表示为

$$f(t) = \frac{m}{\eta}\left(\frac{t}{\eta}\right)^{m-1}\exp\left[-\left(\frac{t}{\eta}\right)^{m}\right] \quad t>0, \ m>0, \ \eta>0 \quad （2.23）$$

式中：t 为寿命数据；η 为尺度参数或特征寿命；m 为形状参数。

2.4.2 数控 PCB 加速模型建模方法分析

加速寿命试验和加速退化试验均是通过提高试验应力水平来加速产品失效进程的，但一个应力水平的提高总是有限度的，超过这个限度，产品的失效机理就会发生变化，从而使试验结果的准确性受到限制。因此，在数控系统 PCB 加速寿命试验中，为了保持 PCB 的失效机理不变，应力水平不宜提得过高。但为了进一步缩短试验时间，有时采用将几个应力（如温度、湿度、电压等）同时作为加速应力的方法，该方法同时可以更精确地模拟实际环境条件。然而，若想将产品多个环境应力同时和产品的寿命联系

起来，是一件相当困难的事情。这是因为各个应力所引起的产品失效机理不尽相同，同时不同应力之间还会产生相互的作用，因此，要正确地将多种影响应力和产品寿命结合起来，还需要了解产品本身的属性，比如材料、几何特征等。据此，要建立一个真实地描述产品实际工况的加速模型存在着非常大的困难。故为了简化问题，一般只考虑对产品寿命影响最大的几个应力。

本研究重在关注加速寿命试验中引入双加速应力的情况。在寿命试验进行过程中，需要花费大量的时间、人力和资金，若事前考虑不周，很容易导致试验不准确。因此，需要事先进行切合实际的试验设计。在安排双应力加速寿命试验时，基本的实施过程如下：

（1）确定两个加速应力（分别记为 S^1 和 S^2）及其所取的应力水平

$$S_0^1 < S_1^1 < \cdots < S_l^1, \quad S_0^2 < S_1^2 < \cdots < S_k^2 \qquad (2.24)$$

式中：l 和 k 分别是两个加速应力的水平数，通常在作恒定应力加速寿命时，最好 $l \geq 4, k \geq 4$，最少不得少于 2，但也不宜过多[138-139]；（$S_0^1 S_0^2$）为产品的正常应力水平。

（2）选取试验样品投放到不同的应力组合条件下，不同组合下的样品数目可以相等，也可以不相等，但为了保证以后统计分析的精度，每组样品数不应该少于 5 个 [139-140]。在进行加速寿命试验过程中，为了记录产品的失效情况，必须对受试产品进行监测，假如有自动监测设备，那就可以得到准确的失效时间，但这有时往往不能成行，此时需要在一定时间间隔测量试验样品，记录产品的失效情况。

（3）在加速寿命试验中，为了缩短试验时间和节约试验经费，一般在各组应力水平组合 (i, j) 下采用定时（或定数）截尾寿命试验。截尾试验是只要求试验进行到投试样品中有部分失效就停止。常用的截尾试验分为定时截尾寿命试验和定数截尾寿命试验。定时截尾寿命试验（又称 I 型截尾寿命试验），是指试验进行到事先规定的时间就停止，因此为了不使失效个数过多或过少，恰当地规定试验停止时间是实施定时截尾寿命试验的关键；定数截尾寿命试验（又称 II 型截尾寿命试验），是指试验进行到指定的失效个数就停止，因此为了不使试验时间过长，恰当地规定失效个数是实施定数截尾寿命试验的关键。一般来说，截尾寿命试验所需要的试验时间较短，能及时地对产品的可靠性进行评价。

设截尾时间为 t_{ij}（或截尾数为 r_{ij}），所得截尾样本为

$$t_1^{ij} \leqslant t_2^{ij} \leqslant \cdots \leqslant t_{r_{ij}}^{ij} \leqslant \tau_{ij} \qquad i = 1, 2, \cdots, l; j = 1, 2, \cdots, k \qquad （2.25）$$

如此通过双应力加速寿命试验，得到了全部或者部分样品的失效寿命，之后便要针对失效寿命数据进行统计分析。一种统计分析方法成为可行，首先必须要有几项共同的基本假定，违反了这几项基本假定，统计分析的结果认为是不可靠的，也得不到合理的解释[32]。鉴于这几项基本假定是从大量产品能够满足的条件中抽象出来的，所以这几项基本假定对大多数产品来说并不会是一种约束。当产品的寿命服从 Weibull 分布时，双应力加速寿命试验需要服从以下三个基本假定。

假定 A1   已知加速应力为 S^1 和 S^2，则产品在任意应力水平组合 (i, j) 下的寿命 T_{ij} 都服从 Weibull 分布。

此假定表明，改变产品应力水平不会改变产品寿命分布类型，它们之间的差别仅仅在分布模型参数上。

假定 A2   产品在正常应力水平组合 (0,0) 和加速应力水平组

合 (i, j) 下的失效机理相同，因为 Weibull 分布的形状参数 m 的变化反映了产品失效机理的变化，故此假定反映在数学上就是产品在应力水平组合 (i, j) 下，Weibull 分布的形状参数 m 保持不变，即

$$m_{00} = m_{12} = m_{ij} = m \qquad i = 1, 2, \cdots, l; j = 1, 2, \cdots, k \qquad （2.26）$$

假定 A3   在加速寿命试验中，若已知产品在各应力水平下的寿命分布的形式，且满足所施加的应力只影响母体参数及其相关的可靠性指标，则产品寿命分布的可靠性指标和各应力水平之间的关系方程通常称为加速模型。故在 Weibull 分布下，产品在应力水平组合 (i, j) 的特征寿命 η_{ij} 与两个加速应力水平 S_i^1 和 S_j^2 间的加速模型为

$$\ln \eta_{ij} = \alpha_0 + \alpha_1 \varphi_1(S_i^1) + \alpha_2 \varphi_2(S_j^2) + \alpha_3 \varphi_3(S_i^1, S_j^2)$$

$$i = 1, 2, \cdots, l; j = 1, 2, \cdots, k \qquad （2.27）$$

式中：α_0，α_1，α_2，α_3 为待估系数；函数 φ_1，φ_2 分别表征加速应力对特征寿命影响的函数表达式，φ_3 代表两个应力之间的交互作用的函数表达式。

对于很多产品的恒加试验，上述假定都是在一定的物理背景下建立起来的，如加速应力为温度时，可利用 Arrhenius 模型建立其加速模型，加速应力为电应力时，可利用逆幂律模型建立其加速模型。当选取温度应力 T 和电应力 V 同时作为加速应力，由式（2.27）可得产品在双应力作用下的加速模型可进一步表述为式（2.28），亦是广义 Eyring 模型。针对建立的加速模型，可以先用专业知识及工程经验判断它们是否成立，在获得试验数据之后，再利用统计检验方法对上述假定进行检验。

$$\ln \eta_{ij} = \alpha_0 + \alpha_1 \frac{1}{T_i} + \alpha_2 \ln V_j + \alpha_3 \frac{\ln V_j}{T_i} \qquad i = 1, 2, \cdots, l; j = 1, 2, \cdots, k$$

$$（2.28）$$

式中：η_{ij} 表示产品特征寿命；$\dfrac{1}{T_i}$，$\ln V_j$ 分别是表征温度和电应力对产品特征寿命 η_{ij} 所产生影响的函数表达式；$\dfrac{\ln V_j}{T_i}$ 是表征温度与电应力之间交互关系的函数表达式；α_0，α_1，α_2，α_3 为待估系数。

2.5 本章小结

（1）介绍了数控系统 PCB 在工作和试验中主要的失效模式和故障现象，通过分析数控系统 PCB 的失效机理，得到电极之间的电化学迁移（ECM）是导致其绝缘性劣化的主要原因，然后进一步分析了影响数控系统 PCB 发生电化学迁移失效的基材、环境因素（温度、湿度、偏置电压）、导电图形等影响因素；

（2）基于产品性能失效分析和失效特征量的选取原则，调研国内外相关 PCB 的性能规范与测试方法，确定数控系统 PCB 绝缘性能的评价参数，并规定了数控系统 PCB 的失效判据，为数控系统 PCB 的可靠性试验和可靠性分析奠定基础；

（3）介绍了高可靠性产品在加速寿命试验和加速退化试验中所涉及的加速模型、寿命分布模型和退化轨迹模型，并在此基础上，建立了数控系统 PCB 的绝缘寿命分布模型，同时针对数控系统 PCB 在工作或试验中受到的双加速应力，给出了双应力加速试验加速模型建模方法，为后续数控系统 PCB 可靠性试验和可靠性模型研究提供了理论支撑。

第3章
湿度临界值建模及湿度应力加速寿命试验

随着数控系统 PCB 线宽、线间距等越来越细密，绝缘距离变得更小，这对 PCB 的绝缘性能要求更高。在上一章节中，探讨了环境湿度对数控系统 PCB 及其功能部件绝缘失效的影响，结果显示湿度严重影响着数控系统 PCB 的绝缘可靠性。随着数控系统 PCB 线宽、线间距等越来越细密，绝缘距离变得更小，当环境中存在一定湿度时，PCB 吸收环境中的湿气，在温度和偏置电压的作用下，极易产生电化学迁移现象，造成 PCB 绝缘性能降低。通过数控系统 PCB 失效研究，分析环境条件对数控系统 PCB 绝缘可靠性的影响，得出在数控系统 PCB 绝缘失效过程中，存在导致 PCB 绝缘失效的湿度临界值，该临界值与环境温度、电压和导电图形密切相关。据此，基于电化学迁移失效机理，本章建立湿度临界值量化模型来反映湿度临界值与其影响因素（导线间距和电压应力）之间的关系，并通过加速寿命试验及其数据统计推断对模型进行参数辨识和模型验证。通过该模型可以很好地依据施加电压和导线间距预测引发数控系统 PCB 绝缘失效的湿度临界值，这为数控系统 PCB 及其功能部件的可靠性设计和环境安全控制提供了参考。

3.1 湿度对数控系统 PCB 性能的影响

数控系统 PCB 的性能是与其工作时间、外部环境温度、湿度、施加偏压以及其他潜在的影响因素密切相关，当这些影响条件发生变化并成为诱导因素时，会加速数控系统 PCB 潜在因素向失效临界状态转变。数控系统 PCB 在外部环境条件下发生物理、化学变化并产生导电沉淀物的过程中，其性能发生劣化而最终导致失效。对 PCB 失效机理的分析显示[111,141-143]，湿度是引起 PCB 绝缘失效的主要环境应力之一。

高湿度对于使用半固化片的 PCB 的储存和工作几乎是致命伤，因为半固化片对湿度是十分敏感的，半固化片受潮之后即使烘干了，也还是会给层压板带来许多的问题，最常见的缺陷就是分层、起泡或抗热冲击能力下降[104]。此外，PCB 材料在制造和储存过程中会吸收水分，而 PCB 中水分含量的升高也会降低材料的玻璃化转变温度，影响材料尺寸稳定性，由此带来的热应力对 PCB 及其元器件的可靠性造成损害[144-147]。因此，一些在正常环境条件下合格的 PCB 板，在高潮湿和长时间条件下，性能指标也会发生劣化。

在实际的现场环境中，由于构成 PCB 产品的不同材料间热膨胀系数的不同，使产品的物理结构产生扭曲变形，结果造成膨胀率不同的材料的界面中产生了空隙；即使同一材料，密封材料自身也会发生龟裂的情况。此时，空气中的水分会通过这些空隙进入材料，或者慢慢渗入整体，同时各种各样的污染物也随之溶解进入连接通路的构成材料表面，或者经过长时间渗透，到达产品内部的电气回路，与回路的构成材料发生化学反应。这个湿度引起的化学反应受温度的影响很大，一般会随着不同时期温度的不等发生各种各样的变化。这是因为基于活性能量原理，温度升高，构成物质的分子的运动会更趋活跃；相反，温度变低，分子的运动就变慢，所以在 –273 ℃温度范围区几乎所有分子运动都停止了。

综上所述，湿度对 PCB 产品的可靠性影响很大，但在现实环境中，湿度一般要和温度等其他因素相结合产生作用。湿度与其他应力综合作用产生的化学反应是电子产品发生失效现象的主要原因。高温高湿的环境容易引发 PCB 等绝缘材料对水气的吸附、吸收和扩散，从而造成材料吸湿后的膨胀、性能变坏、强度降低及其他主要机械性能的下降，而且吸附了水气的绝缘材料会引起其绝缘性能下降。产品由于湿热环境所引起的失效问题见表 3.1。

表 3.1 湿热环境引起的主要失效问题

一般分类	失效媒介分类或原因	失效模式	所使用的环境条件
水气吸附、吸收	扩散	膨胀	湿度
		绝缘性能变差	
		潮解	
	水解	化学变化	温度 + 湿度
	微细爆裂（细线爆裂、吸气）	湿气渗透	湿度
		绝缘性能变差	冷热冲击 + 湿度
		潮解	温度循环 + 湿度
			温湿度循环
腐蚀	电池腐蚀	颜色变化	湿度 + 与外金属接触所形成的电势
	电解腐蚀	阻抗增加	
	裂隙腐蚀	开路	湿度 + 直流电场
			湿度
	应力腐蚀爆裂	破坏	氨（铜合金）
			氨化物（不锈钢）
	氢脆化		金属板酸浴
迁移	离子迁移	短路	湿度 + 直流电场
		绝缘性能变差	湿度 + 直流电场 + 卤素离子
霉菌	无	绝缘性能变差	温度（25 ~35 ℃）+ 湿度（最小为 90%）
		质量变化	
		分解腐蚀	

由此可见，湿度对 PCB 及其电子产品的绝缘可靠性影响很大。当环境中存在一定湿度时，PCB 的金属电极在同时有温度的状态下会由于吸湿 / 凝结而生成水膜，生成的水膜作为电解质溶液在 PCB 的金属电极上溶解金属，并在偏压条件下作为传输路径促使溶解的金属离子在两电极之间扩散和移动，最后金属或者其化合物在基板上或者在阴极上还原析出从而导致电极（线路）间短路，发生电化学迁移失效。简单说就是当 PCB 吸收环境中的湿气后，在偏置电压作用下阳极上的金属发生电离并向阴极方向移动，同时产生导电金属或其化合物的沉淀析出，从而导致金属线路之间出现短路而造成 PCB 绝缘可靠性降低。

目前，越来越高的 IC 集成度对 PCB 的线间距、线宽等工艺提出越来越苛刻的要求，数控系统 PCB 在湿热环境下的绝缘可靠性问题成为不可回避的重要课题。其中，湿度是电化学迁移形成的前提条件和关键因素之一 [144, 148]，湿度过高，板材吸水的情况也会更严重，PCB 的吸水特性会促使 PCB 绝缘退化，发生电化学迁移失效。在电化学迁移过程中，导致数控系统 PCB 绝缘失效存在相对湿度临界值，若环境中相对湿度低于该临界值，电化学迁移将不会发生 [142]。Lefebre 等研究者 [149] 也通过试验表明当相对湿度达到一定值后，会出现 PCB 绝缘电阻值急速下降的现象。因此本章对湿度临界值开展研究，目的是通过控制数控系统 PCB 环境湿度值而预防电化学迁移失效的发生，这对提高 PCB 集成部件甚至整个数控系统可靠性具有重要意义，同时也为 PCB 加速试验应力水平的设置提供参考。

3.2 湿热条件下湿度临界值模型的建立

3.2.1 湿度临界值一般模型

为了研究数控系统 PCB 发生电化学迁移失效的湿度临界值，首先要了解电化学迁移的过程。PCB 板上电化学迁移一般包含 4 个步骤：第一步，PCB 吸湿形成水膜或电解溶液；第二步，阳极溶解，金属离子产生；第三步，金属离子向阴极迁移；第四步，金属离子在基板上或者在阴极上作为金属或者氧化物或者氢氧化物还原析出。重复上述过程，导电沉淀物不断生长，导致电极（线路）间绝缘电阻值大幅度下降，甚至变为导态而引起短路。Takahashi[150] 研究者把绝缘电阻的降低归因于水分扩散，他们通过试验研究得出 PCB 吸水达到饱和的时间与板材厚度是成反比的。Lefebvre 等研究者[149] 继续 Takahashi 的研究，得出当湿度达到一个临界值时，会造成环氧玻璃布板界面黏结力的突然破坏而大幅度减小。因此，brunauer‐emmett‐teller （BET）模型应运而生用来量化水层厚度和湿度之间的关系，然而目前业内在导致 PCB 失效的吸收水层临界厚度还未达到一致[131]。至此，Augis 等研究者[142] 建立了关于湿度临界值与温度、电压的关系模型，这也是目前存在的最被认可的湿度临界值模型，该模型为

$$H = \exp\left[\dfrac{2.3975 + \ln(c) + \dfrac{0.9}{k_\mathrm{B}T} - 1.52 \cdot \ln(V)}{5.47}\right] \qquad (3.1)$$

式中：H 是相对湿度临界值；k_B 是玻尔兹曼常数；T 是绝对温度；

V 是施加电压；c 是电化学迁移发生的概率，在产品失效概率为 0.5% 时经过统计计算 c 为 6.9×10^{-4}。

Augis 提出的模型（3.1）可以通过 PCB 的温度应力和施加偏压计算其失效的湿度临界值，不过该加速模型是在一定的条件下获得的，即施加 50 V 偏置电压，25 ℃环境温度，0.5% 产品失效率的前提，因此该模型存在明显的应用缺陷。此外，调研目前国内外关于导致 PCB 失效的湿度临界值的研究，导线间距与湿度临界值的关系还未被提及。而电化学理论和表面绝缘电阻（SIR）测试系统均表明，PCB 上相邻电极之间的小间距较易引发电化学迁移，造成 PCB 绝缘失效[102,131,149]，换句话说，PCB 板的导电图形结构会影响 PCB 绝缘电阻测试结果和电化学迁移行为。这是因为 PCB 上的线路和结构影响着 PCB 上的电场分布和易氧化金属材料所带的电极性。IPC-9201 表面绝缘电阻管控手册[102]中指出，影响 PCB 绝缘电阻测试结果的测试图案的线路设计包括：线宽、线距、测试样板的大小、测试图案的几何结构等。因此在设计 PCB 功能电路时，确定合理的导线间距和施加对应的偏置电压来避免发生电化学迁移失效成为 PCB 可靠性工程比较关键的问题。据此，本研究将电路设计中导线间距对湿度临界值的影响纳入考虑，下面将建立一个新的湿度临界值模型，该模型可以有效地量化导线间距和导线之间施加偏置电压的综合作用对湿度临界值的影响。

3.2.2 基于导线间距和偏压的湿度临界值模型建模

如前所述，PCB 电化学迁移的发生是首先在偏置电压的状态下吸收空气中的水分生成水膜或者水分路径，然后生成的水膜在 PCB 金属电极上溶解金属形成金属离子，同时生成的金属离子沿着施压的两电极（或者导线）之间的水分路径迁移和扩散。水分子在偏压等作用下进入 PCB 基材，这是一个质量传递的过程，可用 Fick 定律来描述。

$$\Delta R = 1 - \exp[-7.3(Dt / x^2)^{0.75}] \qquad (3.2)$$

式中：ΔR 是相对吸水率；t 是时间；D 是沿基材的法向质量扩散率；x 为距离。由式（3.2）可见，PCB 基材的吸水率与两电极或者导线间的距离成反比关系。当 PCB 材料两电极或者导线间吸收水分达到一定的湿度值，会引发电化学迁移现象的发生。也就是说，导致 PCB 电化学迁移的湿度临界值与导线间距存在一定的关系。

偏置电压可以说是 PCB 电化学迁移发生的驱动能量，通常材料的化学反应必须在超越电势能阻碍的情况下才能进行合成和分解。PCB 在施加偏置电压以后，基材内部的化学反应会在其作用下克服阻碍加速发生，并为金属离子的迁移提供驱动力。Turbini 等研究者[151]曾通过向统一规范的导线间距施加标准化的不同偏置电压出现不同的结果给出了详细的演示，结果表明导致电化学迁移失效的湿度临界值是与施加电压密切相关的。施加较高的偏置电压，更容易引起材料吸收水分为电化学迁移提供水分路径。因此我们不妨假定湿度临界值的大小是与电压值成正比关系的。

综上可以得到，PCB 材料吸收水分而达到湿度临界值，该过程是与偏置电压和施压导线间的间距相关的。在 PCB 导线之间施加不同的电压会引起不同的绝缘退化程度，这难免让我们联想到电势梯度。电势梯度是指电场里两点间的电势差与沿场强方向的距离的比值。然而，研究者 Siah[141]指出，影响电化学迁移过程的是独立的偏置电压与施压电极间距离的共同作用，但两者的综合作用不能用电势梯度来表示。据此，可以假定引起电化学迁移的

湿度临界值模型为

$$H_{th} = f\left(\frac{V^\alpha}{L^\beta}\right) = A\frac{V^\alpha}{L^\beta} \tag{3.3}$$

式中：H_{th} 是相对湿度临界值；V 是施加的偏置电压；L 是施压导线之间的间距；A，α 和 β 分别为待定系数。[注解：为了避免与通用气体常数 "R" [8.314 J/(K·mol)] 产生混淆，公式（3.3）中把书中代表相对湿度的符号 "RH" 简单以符号 "H" 表示。]

Liu 等研究者[152] 分析了 FR-4，BT 和 Driclad 几种基材，指出 FR-4 具有很强的吸水性，这会导致 PCB 严重的可靠性问题，比如内部短路，金属离子迁移，电性能和机械性能下降。但 FR-4 基 PCB 由于有低成本、高机械强度、高温时稳定的介电常数和耐燃性等优势，被大量应用于数控系统等电子设备中。因此对 FR-4 基 PCB 的可靠性研究具有重要意义。Lahti 等[153] 研究了温度、湿度、偏压、材料和加工过程对 FR-4 基材板耗损的影响，结果指出湿度对 PCB 板的绝缘失效是很敏感的，但是在不同条件下呈现多样性，具体说来：在温度高于 60~65 ℃ 的条件下，试验中 PCB 绝缘失效呈现出明确的温度依赖特性；反之在温度 50 ℃ 及其以下条件下，降低环境湿度可以导致 PCB 绝缘寿命大大提高。基于此研究理论，下面将设计湿度应力加速寿命试验，研究湿度对 PCB 绝缘可靠性的影响。

3.3 数控系统 PCB 加速寿命试验及数据分析

3.3.1 试验对象的选取

由于热质量的作用，较小的 PCB 体积可以更快地对温度和湿度的变化做出响应[102]，也可以说 PCB 板的几何大小可以影响到试验结果。故在进行湿度对 PCB 的影响研究试验之前，首先需要选定试验对象。本试验选用数控成品板作为试验对象，成品板的定义根据标准《印制电路术语》（GB/T 2036—1994），是指符合设计图样、有关规范和采购要求，并按一个生产批生产出来的任何一块印制板。利用数控成品板进行试验可以更准确获得数控系统 PCB 试验信息，更确切反映数控系统 PCB 的性能。同时根据功能需求进行测试板电路设计和制板并投入试验需要耗费大量的时间、人力和精力，不符合工业快速测评的要求，而选取数控成品板是性价比较高而且能更准确反映数控用板性能的。数控成品板根据功能要求而具有不同的电路设计图案。在本试验中，选取四类典型的数控成品板设计电路投入可控的温度、湿度、偏压环境中进行加速寿命试验，试验样板具体尺寸为：大小 275 mm × 115 mm，板厚 2 mm，线宽 0.162 mm。试验样板电路设计图和结构示意图如图 3.1 所示。

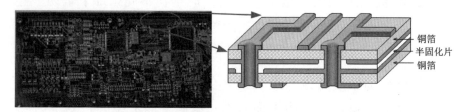

图 3.1　数控成品板电路设计图和结构示意图

　　施压导线的间距是 PCB 导电图案设计中一个重要的指标，它决定在两条导线之间可以施加电压的最高额。本试验选取的导线间距是成品板上典型的功能电路上的间距，偏置电压选取数控系统中最常用到的几类电压，即 12 V，24 V，220 V 和 380 V。其中，12 V 是数控伺服模拟电路供电电源；24 V 是数控伺服控制电路系统供电电源；220 V 是数控伺服电源模块控制电源电压；380 V 是数控伺服单元主回路输入电源。12 V 和 24 V 电源输入电路位于数控伺服单元控制板上，220 V 和 380 V 电源输入电路位于数控伺服单元强电板（或称驱动板）上，端子示意图如图 3.2 所示。

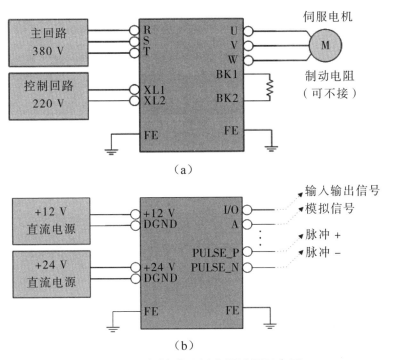

图 3.2 数控成品板电源端子示意图
（a）数控伺服单元强电板；（b）数控伺服单元控制板

试验中，测试图形选取与四类电压对应的导电电路上的一部分导电图形。导线间距值是通过测量测试图形上各段导线间距的大小，然后取其算术平均值而得到。本试验过程中通过 PCB 绘图软件计算导线间距，经过计算最终得到选取的四类测试图形的电压和导线间距参数为：380 V–0.75 mm, 220 V–0.55 mm, 24 V–0.25 mm 和 12 V–0.15 mm。试验选取 5 块 12 V 工作电路所在的伺服控制板，5 块 24 V 工作电路所在的伺服控制板，9 块 220 V 工作电路所在的伺服强电板，7 块 380 V 工作电路所在的伺服强电板开展试验，下一节将介绍具体试验过程。

3.3.2 湿度应力加速寿命试验

基于加速寿命试验理论，本试验采用精度较高的恒定应力加速寿命方法对数控成品板进行湿度应力影响研究。根据标准《工业自动化系统与集成 机床数值控制 数控系统通用技术条件》（GB/T 26220—2010），确定试验样板的参数分别为：380 V 偏压，0.75 mm 导线间距；220 V 偏压，0.55 mm 导线间距；24 V 偏压，0.25 mm 导线间距；12 V 偏压，0.15 mm 导线间距。针对四组不同参数组合的数控 PCB 成品板进行试验，各组样板数目根据《可靠性试验用表》和标准《可靠性鉴定和验收试验》（GJB 899A—2009）的规定，分别投入 5 块 12 V 工作电路所在的伺服控制板，5 块 24 V 工作电路所在的伺服控制板，9 块 220 V 工作电路所在的伺服强电板，7 块 380 V 工作电路所在的伺服强电板。基于加速寿命试验失效机理不变的准则，确定试验中湿度应力水平分别为：50%RH，55%RH，60%RH，65%RH，75%RH，85%RH 和90%RH。如前所述，本试验选取绝缘电阻（IR）作为 PCB 绝缘性能的评价指标，失效判据确定为 100 MΩ。

试验开始前，各测试样板首先需要进行表面清理去除污渍，然后以一定间距放置在试验箱中，试验箱选用广州爱斯佩克高低温湿热环境试验箱进行试验和测试工作。为了保证试验数据正确采集，每块试验样板用标签区分开来。连接箱内的试验样板和箱外的调压器及测试系统的连接线选用具有很好绝缘性能的聚四氟乙烯（PTFE）材料作为连接线，避免连接线对测试结果的不良影响，所有连接线从试验箱两侧的预留孔拉出来并用塞子密封，保证试验箱内的温度和湿度维持在设置值，同时调压器通过连接线给试验箱内的测试样板施加偏置电压。再有，为了试验箱正常工作和维护并且保证测试结果，试验中要定期给试验箱的水箱注入纯净水。

试验的具体操作步骤为：①为保证失效机理和失效模式不变，结合加速试验的目的和实际条件，首先保证所有测试样板在无偏压，温度为（23±2）℃，相对湿度为（50±5）%的条件下，初始绝缘电阻值不小于 1 000 MΩ；②为防止试验中温度变化产生冷凝水，试验中控制温度要以不大于 3 ℃/min 的速率从室温逐步升至 40 ℃；③当试验箱温度达到设定温度值后，分别缓慢将相对湿度值升至设定值（50%RH, 55%RH, 60%RH, 65%RH, 75%RH, 85%RH, 90%RH）；④试验箱保持在设定温度和湿度值 24 h 后再对试验样板通以电压[102]，试验运行 12 h 之后测试各试验样板绝缘电阻值并加以记录。四组不同参数组合下的 PCB 的 THB 试验操作过程是类似的，运行现场如图 3.3 所示。

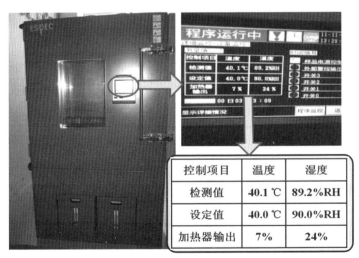

控制项目	温度	湿度
检测值	40.1 ℃	89.2%RH
设定值	40.0 ℃	90.0%RH
加热器输出	7%	24%

图 3.3　湿度应力试验运行现场

3.3.3 加速寿命试验数据采集

按照如上的加速寿命试验方案，对四组不同参数组合下的测试样板进行温度－湿度－偏压（THB）加速寿命试验。试验中温度始终维持在 40 ℃，相对湿度根据试验要求维持在设定水平值上进行恒定应力加速寿命试验,采集各组不同偏压和导线间距条件下，每个样板在不同湿度应力下的绝缘电阻值，做各样板的绝缘电阻值随湿度应力水平（RH）变化的轨迹曲线，如图 3.4 所示。

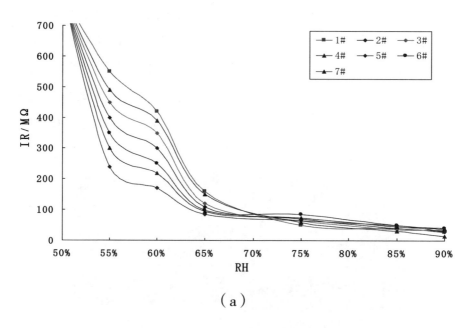

（a）

图 3.4　湿度应力加速寿命试验轨迹图

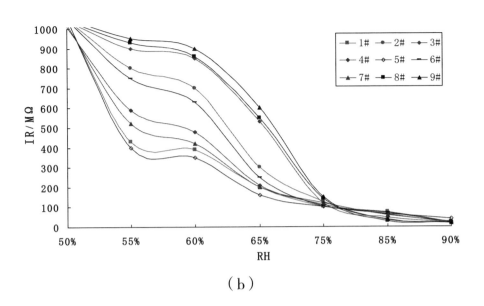

（b）

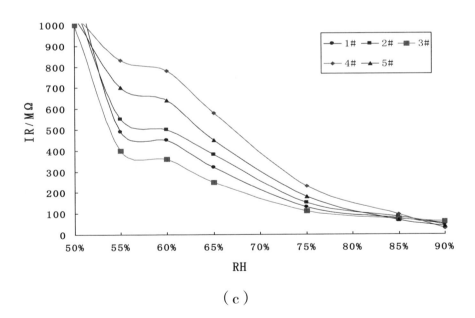

（c）

图 3.4　湿度应力加速寿命试验轨迹图（续）

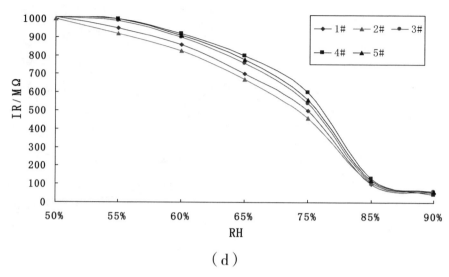

（d）

图 3.4　湿度应力加速寿命试验轨迹图（续）

（a）380 V 偏置电压，0.75 mm 导线间距；（b）220 V 偏置电压，0.55 mm 导线间距；
（c）24 V 偏置电压，0.25 mm 导线间距；　（d）12 V 偏置电压，0.15 mm 导线间距

　　试验中各测试样板绝缘电阻与相对湿度之间的关系轨迹是相互独立的。从图 3.4 中可以看出各组不同条件下的绝缘电阻退化轨迹是呈一定规律的，即当相对湿度增加时，PCB 绝缘电阻值有规律性地减少，该变化正符合 PCB 电化学迁移规律。同时根据PCB 绝缘电阻随湿度变化的轨迹图 3.4，可以发现在各组不同参数组合条件下，当湿度应力达到一定水平后，绝缘电阻值急速降低直至失效，该湿度应力水平就是引发 PCB 绝缘失效的湿度临界值，下面将通过对试验数据进行统计分析，计算得到该湿度临界值。

3.3.4 加速寿命试验数据统计分析

　　为了得到数控系统 PCB 绝缘失效的湿度临界值，首先要研究所获得的 PCB 绝缘电阻值 IR 和相对湿度应力水平 H 之间的关系

和规律，即函数 IR＝$F(H)$。由于试验数据往往不够准确，因此不能要求函数 IR＝$F(H)$ 的图形经过所有点 (H_i, IR_i) $(i=0,1,\cdots,m)$，而只需要在给定点 H_i 上的误差 $\sigma_1(H_1)-H_2(i=0,1,\cdots,m)$ 按某种标准最小，σ_1 有时也称为残差。为了刻画全部观察值 H_i 与函数估计值 $\hat{H}_i = F(H_i)$ 的偏离程度，一般考虑借助残差的平方和：

$$\sum_{i=1}^{m}\delta_i^2 = \sum_{i=1}^{m}\left(F\left(H_i\right)-H_i\right)^2 \qquad （3.4）$$

从几何意义上看，一个好的回归方程应该能使残差估计偏差达到最小。基于目前主要的几种处理变量之间关系的方法，针对小样本的情况，本试验选择具有较高计算精度、良好统计性质的最小二乘估计方法进行曲线拟合和数据分析。用最小二乘法拟合曲线时，首先要确定函数 IR＝$F(H)$ 的表达形式。下面将通过分析电化学迁移失效过程和分析试验数据进行初步确定。

从图 3.4 可以看出，各数控系统 PCB 的绝缘电阻 IR 随着相对湿度 H 的提高呈现出一定的规律。该规律应该以相应的函数模型进行表达。目前最常应用的函数模型主要有线性模型，指数模型，幂函数模型，对数模型，Gampertz 模型等。Bell 实验室的研究者们曾通过试验给出了 PCB 失效时间和相对湿度的近似关系函数，即

$$\text{TTF}=a\left(H\right)^{-b} \qquad （3.5）$$

式中：H 是相对湿度应力水平大小；TTF 是失效时间；a 和 b 是依据材料而确定的系数。

如前所述，PCB 失效是因为其绝缘电阻降低导致通态。可以说 PCB 绝缘电阻值 IR 是与失效时间密切相关的，因此结合式（3.5）可以得到 PCB 绝缘电阻 IR 与相对湿度应力水平 H 之间可近似满

足幂函数关系。再结合图 3.4 的绝缘电阻值 IR 和湿度应力水平 H 的关系曲线，不妨假定曲线是满足幂函数模型的。为了可以更直观地从函数图形反映曲线关系，并且为了今后计算方便，不妨先将幂函数模型化作线性模型。线性化的函数关系方程如下式所示：

$$\ln(IR) = m + n\ln H \qquad\qquad (3.6)$$

式中，m 和 n 是待定系数。

然后，分别对湿度应力加速寿命试验中获得的相对湿度应力水平 H 和对应的绝缘电阻值 IR 取对数，即基于图 3.4，作绝缘电阻和相对湿度应力水平的对数曲线，如图 3.5 所示。从图 3.5 中可以明显看出，绝缘电阻 IR 的对数值与相对湿度应力水平 H 的对数值呈现出较为明显的线性型的关系，因此，可以初步证明公式（3.6）可以先作为数控系统 PCB 绝缘电阻拟合曲线的线性回归模型。

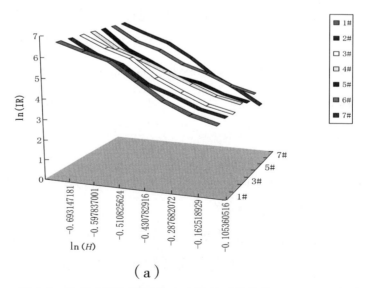

（a）

图 3.5 绝缘电阻和湿度应力水平的对数曲线

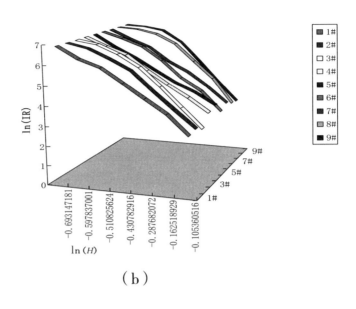

（b）

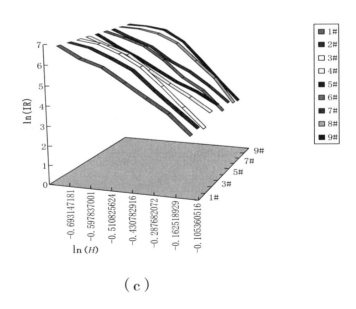

（c）

图 3.5 绝缘电阻和湿度应力水平的对数曲线（续）

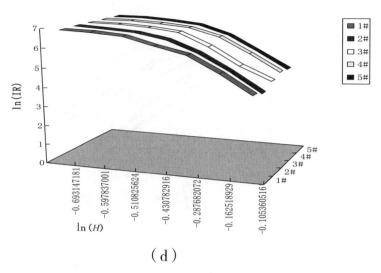

（d）

图 3.5　绝缘电阻和湿度应力水平的对数曲线（续）

（a）380 V 偏置电压，0.75 mm 导线间距；（b）220 V 偏置电压，0.55 mm 导线间距；

（c）24 V 偏置电压，0.25 mm 导线间距；（d）12 V 偏置电压，0.15 mm 导线间距

　　下面将进行线性回归模型的拟合计算，通过数值分析方法，进一步验证回归模型（3.6），即 $\ln(\mathrm{IR})=m+n\ln H$ 的正确性。

3.4 湿度临界值模型统计检验

3.4.1 湿度临界值线性回归模型的参数辨识

　　上一节中通过数控系统 PCB 湿度应力加速寿命试验及数据分析，研究了湿度应力对数控系统 PCB 绝缘电阻值的影响规律，提出了数控系统 PCB 绝缘电阻与湿度应力水平之间满足幂函数模型。为了计算方便，上一节中对幂函数模型作了线性化处理，得到线性回归模型（3.6）。下面将对该线性回归模型进行参数辨识。

Gauss–Markov 定理指出，在一元线性、正态误差的总体回归模型中，最小二乘估计量是总体参数线性的、最小方差无偏估计量，即最小二乘估计是最佳线性求解方法。最小二乘方法不仅广泛用于单变量的线性回归模型，而且亦适用于多变量的线性回归模型。故利用最小二乘方法求解线性回归模型（3.6）的参数，计算得到的回归模型如表 3.2 至表 3.5 第二列所示。

为了检验求得的回归模型是否有意义，也就是模型是否存在显著的线性关系，需要对回归方程进行假设检验，具体如下。

首先，线性模型公式（3.6）中，令 $\ln(IR)=y_i$，$\ln H_i=x_i$，则模型简化为 $y_i=m+nx_i(i=1,2,\cdots,n)$。观测值 y_i 与按线性回归模型预测的值并不一定完全一致，y_i 之所以有差异，主要是由下述两方面原因引起的：一方面是当 y 与 x_1，x_2，$\cdots$，x_p 之间存在线性关系时，由于 x_i 取值不同而引起的 y_i 值的变化；另一方面是除去 y 与 x_1，x_2，$\cdots$，x_p 之间的线性关系以外的因素，如 x_1，x_2，$\cdots$，x_p 对 y 的非线性影响及随机因素的影响等。下面给出度量两类误差的计算方法：

记 $\overline{y} = \dfrac{1}{n}\sum\limits_{i=1}^{n} y_i$，则数据总的离差平方和（total sum of squares）计算公式为

$$SST = \sum_{i=1}^{n}\left(y_i - \overline{y}\right)^2 \qquad (3.7)$$

离差平方和（SST）反映了数据 y_1，y_2，$\cdots$，y_n 波动性的大小。残差平方和（error sum of squares）的计算公式为

$$SSE = \sum_{i=1}^{n}\left(y_i - \hat{y}\right)^2 \qquad (3.8)$$

残差平方和（SSE）反映了除去 y 与 x_1，x_2，$\cdots$，x_p 之间的线性关系（即）以外的因素引起的数据 y_1，y_2，$\cdots$，y_n 的波动。该统计量度量的是观测值与拟合值之间的总偏差，若 SSE=0，则表示每个观测值可由线性关系精确拟合，SSE 越大，则表示观测值和线性拟合值间的偏差也越大。

对于回归平方和（regression sum of squares）的计算公式为

$$SSR = \sum_{i=1}^{n}\left(\hat{y}_i - \bar{y}\right)^2 \qquad (3.9)$$

由于可以证明 $\dfrac{1}{n}\sum_{i=1}^{n}\hat{y}_i = \bar{y}$，故回归平方和（SSR）反映了线性拟合值与它们的平均值的总偏差，即反映了由变量 x_1，x_2，$\cdots$，x_p 的变化所引起的 y_i（$i=1,2,\cdots,n$）的波动。若 SSR=0，则表示每个拟合值均相等，即 $y_i(i=1,2,\cdots,n)$ 不随 x_1，x_2，$\cdots$，x_p 的变化而变化，这实质上反映了 y_i 和 x_i 之间的比例系数为零。

同时，经过代数运算及正规方程可以证明存在如下公式：

$$SST＝SSE＋SSR \qquad (3.10)$$

对于一个确定的样本，SST 是一个定值，所以从式（3.10）可以看出回归平方和 SSR 越大，则残差平方和 SSE 越小。通过分解式（3.10），方程拟合的优良程度可以同时从以下两个方面加以说明：

（1）SSR 越大，则表示用回归方程来解释 y_i 变动的部分越大，或者说，回归方程对原数据解释得越好；

（2）SSE 越小，则表示观测值 y_i 围绕回归直线越紧密，换句话说，回归方程对原数据的拟合效果越好。

据此，为了表征回归方程对原始数据的拟合程度，可以定义一个测量标准，这就是所谓的测定系数，也被称为拟合优度、可决系数或可测系数。

测定系数是指线性拟合值与它们的平均值的总偏差占数据总变异的百分比，用 R^2 表示，具体表达式为

$$R^2 = \frac{\text{SSR}}{\text{SST}} = 1 - \frac{\text{SSE}}{\text{SST}} \tag{3.11}$$

从测定系数的定义看，有以下简单性质：

（1）$0 \leqslant R^2 \leqslant 1$；

（2）$R^2=1$ 时，由式（3.11）可得到 SSR=SST，这就是说，此时原数据的总变异完全可以由线性拟合值与它们的平均值的总偏差来解释，同时，由式（3.11）还可得到残差为零（SSE=0），亦即拟合点与原数据完全吻合；

（3）当 $R^2=0$ 时，由式（3.11）可得到回归平方和为零（SSR=0），亦即回归方程完全不能解释原数据的总变异，y 的变异完全是由与 x 无关的因素引起的，此时 SSE=SST。

利用测定系数，一方面可以从数据变异的角度指出线性拟合值与它们的平均值的总偏差占数据总变异的百分比，从而说明回归直线拟合的优良程度；另一方面可以从相关性的角度出发，即从因变量 y 与拟合变量的相关程度来看，当拟合变量与原变量 y 的相关度越大，则直线拟合的优良程度就越高。

综上，将数控系统 PCB 在不同湿度应力水平 H 下的绝缘电阻值 IR 取对数，然后按计算公式（3.7）、（3.8）和（3.11）计算 SST，SSE 值，则得到四种不同参数组合条件下的数控系统 PCB 试验样板的 SSE，SST，R^2 值，结果分别如表 3.2 至表 3.5 的三、四、五列所示。

表 3.2　380 V 偏压 0.75 mm 导线间距下回归模型和测定系数计算结果

板号	拟合回归模型	SSE	SST	R^2
1#	$\ln(\text{IR}) = 2.517\ 14 - 6.329\ln(H)$	0.336 432	12.117 3	0.972 236
2#	$\ln(\text{IR}) = 2.694\ 39 - 5.683\ 29\ln(H)$	0.333 338	9.833 02	0.966 1
3#	$\ln(\text{IR}) = 2.689\ 48 - 5.811\ 52\ln(H)$	0.342 69	10.275 9	0.966 651
4#	$\ln(\text{IR}) = 2.911\ 02 - 5.018\ 24\ln(H)$	0.649 38	8.055 85	0.919 39
5#	$\ln(\text{IR}) = 2.776\ 84 - 5.022\ 13\ln(H)$	0.922 51	8.340 48	0.889 394
6#	$\ln(\text{IR}) = 2.982\ 07 - 5.036\ 01\ln(H)$	0.573 078	8.032 11	0.928 652
7#	$\ln(\text{IR}) = 2.139\ 62 - 6.947\ 16\ln(H)$	0.171 385	14.366	0.988 07

表 3.3　220 V 偏压 0.55 mm 导线间距下回归模型和测定系数计算结果

板号	拟合回归模型	SSE	SST	R^2
1#	$\ln(\text{IR}) = 2.883\ 1 - 5.728\ 77\ln(H)$	0.589 705	10.242	0.942 423
2#	$\ln(\text{IR}) = 2.603\ 04 - 6.850\ 64\ln(H)$	0.566 074	14.369	0.960 605
3#	$\ln(\text{IR}) = 2.607\ 54 - 7.138\ 35\ln(H)$	1.309 16	16.295 8	0.919 663
4#	$\ln(\text{IR}) = 2.742\ 74 - 6.222\ 34\ln(H)$	0.448 249	11.835 4	0.962 127
5#	$\ln(\text{IR}) = 3.179\ 16 - 5.037\ 98\ln(H)$	0.214 206	7.679 08	0.972 105
6#	$\ln(\text{IR}) = 2.812\ 14 - 6.351\ 24\ln(H)$	0.645 739	12.509 6	0.948 38
7#	$\ln(\text{IR}) = 2.921\ 06 - 5.787\ 58\ln(H)$	0.241 258	10.092 8	0.976 096
8#	$\ln(\text{IR}) = 2.520\ 44 - 7.329\ 68\ln(H)$	1.456 72	17.257 5	0.915 589
9#	$\ln(\text{IR}) = 2.605\ 4 - 7.248\ 63\ln(H)$	1.591 35	17.044 6	0.906 636

表 3.4　24 V 偏压 0.25 mm 导线间距下回归模型和测定系数计算结果

板号	拟合回归模型	SSE	SST	R^2
1#	$\ln(\text{IR}) = 3.478\ 88 - 4.921\ 89\ln(H)$	0.116 676	7.241 48	0.983 888
2#	$\ln(\text{IR}) = 3.589\ 01 - 4.885\ 92\ln(H)$	0.154 295	7.175 33	0.978 496
3#	$\ln(\text{IR}) = 3.535\ 83 - 4.543\ 6\ln(H)$	0.147 681	6.219 38	0.976 255
4#	$\ln(\text{IR}) = 3.469\ 83 - 5.651\ln(H)$	1.133 5	10.525 5	0.892 31
5#	$\ln(\text{IR}) = 3.410\ 66 - 5.482\ 21\ln(H)$	0.421 278	9.260 64	0.954 509

表 3.5　12 V 偏压下 0.15 mm 导线间距回归模型和测定系数计算结果

板号	拟合回归模型	SSE	SST	R^2
1#	ln(IR)=4.048 34−4.863 79ln(H)	1.437 48	8.395 06	0.828 771
2#	ln(IR)=4.088 32−4.737 58ln(H)	1.181 4	7.782 6	0.848 2
3#	ln(IR)=4.182−4.693 55ln(H)	1.458 59	7.937 66	0.816 244
4#	ln(IR)=4.120 71−4.860 09ln(H)	2.077 71	9.024 73	0.769 776
5#	ln(IR)=4.216 35−4.656 69ln(H)	1.540 51	7.918 21	0.805 447

　　如前所述，回归模型的拟合效果可以通过分析测定系数 R^2 的性质判断，即 R^2 越大，回归模型的拟合效果越好。故在表 3.2 至表 3.5 中分别寻找不同参数组合条件下的测定系数的最大值，即该条件下原始数据拟合效果最好的模型。比较表 3.2 中各块样板拟合回归模型的测定系数值，可以发现，7# 样板拟合模型的测定系数 R^2 最大，同理比较表 3.3 至表 3.5 中各回归模型的测定系数 R^2 的大小，分别得到不同条件下最大值的测定系数 R^2 分别是7#，1#，2# 样板。具体来说，就是：① 380 V 偏置电压，0.75 mm 导线间距条件下，7# 样板的试验数据拟合的回归模型的拟合优良度最高；② 220 V 偏置电压，0.55 mm 导线间距条件下，7# 样板的试验数据拟合得到的回归模型的拟合优良度最高；③ 24 V 偏置电压，0.25 mm 导线间距条件下，1# 样板的试验数据拟合的回归模型的拟合优良度最高；④ 12 V 偏置电压，0.15 mm 导线间距条件下，2# 样板的试验数据拟合的回归模型的拟合优良度最高。如前所述，当 PCB 的绝缘电阻值低于 100 MΩ 时可判定其失效，故将失效判据 100 MΩ 取对数后再代入选定的最佳拟合回归模型中求取此时的相对湿度应力水平，该湿度值亦是 PCB 在该条件下引发失效的相对湿度临界值，计算结果如表 3.6 所示。

表 3.6 不同条件下的最佳拟合回归模型和湿度临界值

组号	偏置电压 / V	导线间距 / mm	最佳拟合回归模型	相对湿度临界值
Case 1	380	0.75	ln(IR)=2.139 62−6.947 16ln(H)	70.12%
Case 2	220	0.55	ln(IR)=2.921 06−5.787 58ln(H)	74.75%
Case 3	24	0.25	ln(IR)=3.478 88−4.921 89ln(H)	79.55%
Case 4	12	0.15	ln(IR)=4.088 32−4.737 58ln(H)	89.66%

3.4.2 湿度临界值模型的验证

为了确定基于导线间距和偏压的湿度临界值模型，即公式（3.3），需要首先估计模型的待定参数值，然后才能验证模型的有效性。模型的参数辨识和统计检验步骤如下：

（1）对公式（3.3）两侧取对数，化作线性模型，即

$$\ln H_{th} = y_0 + \gamma_1 x_1 + \gamma_2 x_2 \tag{3.12}$$

式中：$x_1 = \ln V$；$x_2 = \ln L$；$\gamma_0 = \ln A$，$\gamma_1 = \alpha$，$\gamma_2 = -\beta$，γ_0，γ_1 和 γ_2 分别为待定系数。

（2）根据公式（3.12），建立二元线性回归模型如下：

$$\mu_i = \gamma_0 + \gamma_1 x_{i1} + \gamma_2 x_{i2} + \varepsilon_i \quad i=1, 2, \cdots, n \tag{3.13}$$

式中：$\mu_i = \ln H_{thi}$，ε_i 为随机误差。

（3）基于表 3.6 中的不同偏压应力和导线间距下对应的相对湿度临界值，对其进行数据换算，求出式（3.13）中 x_{i1}，x_{i2} 和 μ_i 值。

（4）利用步骤（3）计算的数据 (x_{i1}, x_{i2}, μ_i) $(i=1, 2, 3, 4)$ 对式（3.13）进行最小二乘回归拟合，求出模型的未知参数 $\hat{\gamma}_0$，$\hat{\gamma}_1$，$\hat{\gamma}_2$ 的估计值：$\hat{\gamma}_0 = -1.101\ 73$，$\hat{\gamma}_1 = 0.107\ 489$，$\hat{\gamma}_2 = -0.382\ 842$，此时有

$$\mu = \ln H_{th} = -1.101\ 73 + 0.107\ 489 x_1 - 0.382\ 842 x_2 \tag{3.14}$$

式中：$x_1 = \ln V$；$x_2 = \ln L$；且 $\gamma_0 = \ln A$，$\gamma_1 = \alpha$，$\gamma_2 = -\beta$。则湿度临界值模型的参数 A，α，β 的估计值可以反换算得到。

（5）计算步骤（4）中的各待定参数，最终得到湿度临界值模型如下：

$$H_{th} = 0.332\,3 \times (V^{1.113\,5}/L^{1.466\,4}) \qquad (3.15)$$

式中：H_{th} 是相对湿度临界值；V 是偏置电压；L 是导线间距。

当湿度临界值模型确定后，便可计算在不同偏置电压和导线间距综合条件下的湿度临界值，之后二元线性回归模型（3.13）中 μ_i 的估计值可以根据 $\hat{\mu}_i = \ln \hat{H}_{th i}$ 估算出来。

在多元线性回归分析中，对模型的线性进行检验的方法通常是采用 F 检验，其目的是检验因变量是否与自变量 x_1，x_2，…，x_p 存在线性关系。若在总体数据中，这种线性关系确实存在，换句话说，μ 确实可以用 x_1，x_2，…，x_p 的线性组合形式来解释，那么至少应该存在一个 x_k，使得 μ 对 x_k 的总体参数 γ_k 不等于零；否则，当所有的总体参数 $\gamma_j (j=1, 2, \cdots, p)$ 均等于零，那么表示不存在这种线性关系。因此，该检验问题的原假设和对立假设分别如下：

H_0：$\gamma = 0$（即 $\gamma_0 = \gamma_0 = \cdots = \gamma_p = 0$）。

H_1：$\gamma \neq 0$（至少存在 γ 的一个分量 $\gamma_k \neq 0$）。

构造检验统计量为

$$F = \frac{SSR / p}{SSE / (n - p - 1)} \sim F(p, n - p - 1) \qquad (3.16)$$

式中：$SSE = \sum_{i=1}^{n} (\mu_i - \hat{\mu}_i)^2$ 是残差平方和；$SSR = \sum_{i=1}^{n} (\mu_i - \hat{\mu}_i)^2$ 是回归平方和，其中 $\bar{\mu} = \frac{1}{n} \sum_{i=1}^{n} \hat{\mu}_i$；$p$ 为应力的个数。

该统计量在假设条件 H_0 为真时服从 F 分布，其第一个自由度为 p，第二个自由度为（$n-p-1$）。

然后，给定显著性水平，通过查 F 分布表，可以得到假设检验的拒绝域的临界值 $F_a(p, n-p-1)$，该检验临界值与根据式（3.16）计算得到的 F 值进行比较，有

若 $F > F_a(p, n-p-1)$，否定 H_0，认为 μ 可以用 x_1，x_2，$\cdots$，x_p 的线性模型来表示；

若 $F \leqslant F_a(p, n-p-1)$，接受 H_0，认为 μ 与 x_1，x_2，$\cdots$，x_p 无显著的线性关系。

对于模型（3.14），若 F 检验的结果否定了 H_0，则代表由偏置电压和导线间距两个因素引起的湿度临界值变化大于误差 ε_1，这意味着湿度临界值的对数转换 $m_i = \ln H_{thi}$ 是可以用偏压的对数转换 $x_1 = \ln V$ 和导线间距的对数转换 $x_2 = \ln L$ 的线性模型来拟合。因此，基于模型（3.14）对表3.6中的数据进行计算，得到 SSR=0.032 914 7，SSE=$8.849\ 59 \times 10^{-6}$，则可以计算式（3.16）中的 F= 1 859.67。现给定显著性水平 α=0.025，查 F 分布表得 $F_{0.025}(2,1)$=799.5。则有 $F>F_{0.025}(2,1)$，故拒绝原假设，也就是认为可以用 x_1，x_2，$\cdots$，x_p 的线性模型拟合 μ，模型通过了 F 检验，所以本章建立的湿度临界值模型是成立的、有效的。

3.4.3 湿度临界值模型拟合效果检验

一个回归模型在拟合之前，并不能肯定该模型是否适用于观测数据，需要在模型拟合之后，对这个回归模型进行误差项的不相关假设、正态性假设或等方差性假设检验，进一步考察模型对所给观测数据的适用性。这是将拟合模型应用于实际工程之前所

必需的，而且也是十分重要的一个环节。如果检验结果显示拟合的模型不能很好地反映所给数据的特点，下一步就需要对模型做必要的修正或者对数据做一定的处理，在这一方面，残差分析起着十分重要的作用。

我们知道，残差 $e_i = \mu_i - \hat{\mu}_i$ $(i=1,2,\cdots,n)$ 是 μ 的各观测值 μ_i 与利用回归方程所得到的拟合值 $\hat{\mu}_i$ 之差，而真正的测量误差 $\varepsilon_i = \mu_i - E(\mu_i)$ $(i=1, 2, \cdots, n)$ 是 μ 的各观测值 μ_i 与真实的函数模型对应的准确值 $E(\mu_i)$ 之差，而这是未知的。如果建立的拟合回归模型正确，则可将 e_i 近似看作第 i 次的测量误差 ε_i。而在回归分析中我们通常假定 $\varepsilon_i (i=1, 2,\cdots,n)$ 是独立同正态分布的随机变量，有零均值和常值方差为 σ^2，即 $\varepsilon_i \sim N(0, \sigma^2)$。因此，若拟合的回归模型适用于所给的数据，那么残差 $e_i(i=1,2,\cdots,n)$ 基本上可以反映未知测量误差 $\varepsilon_i(i=1,2,\cdots,n)$ 的特性。故误差项的假设检验可以通过考察残差来实现，残差分析的基本思想就是利用残差的特点反过来考察回归模型的合理性。

对于误差项的不相关性检验，由于试验样板是随机抽取且每组试验是分批进行的，从试验数据的采集过程可以认为每组试验应力组合下的随机误差是相互独立的。

对于残差项正态性检验方法有正态性频率检验法和概率图检验法等[154]。针对本试验中应力水平数较少的情况，采用残差的正态概率图检验法进行检验。残差的正态概率图的作法步骤如下：

（1）将残差 e_1，e_2，$\cdots$，e_n 按从小到大的顺序升序排列为 $e_{(1)}$，$e_{(2)}$，$\cdots$，$e_{(n)}$；

（2）对每个 $i=1,2,\cdots,n$，计算 $q_{(i)} = \sqrt{\text{MSE}} \times \phi\left(\dfrac{i-0.5}{n}\right)$，

称 $q_{(i)}$ 为 $e_{(i)}$ 的期望值，其中均方残差 $\text{MSE} = \hat{\sigma}^2 = \dfrac{1}{n-p} \sum\limits_{i=1}^{n} e_i^2$ ，

$\phi\left(\dfrac{i-0.5}{n}\right)$ 表示标准正态分布的下侧 $\left(\dfrac{i-0.5}{n}\right)$ 分位数，即满足

$$\frac{1}{\sqrt{2\pi}} \int_{-\infty}^{\phi\left(\frac{i-0.5}{n}\right)} e^{-x^2/2} \mathrm{d}x = \frac{i-0.5}{n} \qquad (3.17)$$

式中，$\phi\left(\dfrac{i-0.5}{n}\right)$ 值可以在《可靠性试验用表》[155] 中查到。

（3）以残差 $e_{(i)}$ 为纵坐标，期望值 $q_{(i)}$ 为横坐标，在直角坐标系中描出点 $(q_{(i)}, e_{(i)})$ $(i=1, 2, \cdots, n)$，得到的就是残差的正态概率图。

据此，计算回归模型的残差及其期望值、标准正态分布的下侧分位数，结果如表 3.7 所示。

表 3.7　不同组合条件下的残差及其期望值

组号 i	残差 $e_{(i)}$	标准正态分布下侧 分位数 $\phi\left(\dfrac{i-0.5}{n}\right)$	期望值 $q_{(i)}$
1	−0.001 87	−1.150 5	−0.000 005 088 4
2	−0.000 81	−0.318 7	−0.000 001 409 5
3	0.000 608	0.318 7	0.000 001 409 5
4	0.002 076	1.150 5	0.000 005 088 4

理论上可以证明，若 $e_{(i)}(i=1, 2, \cdots, n)$ 是来自正态分布总体的样本，则点 $(q_{(i)}, e_{(i)})$ $(i=1, 2, \cdots, n)$ 应在一条直线上。因此，若所做的残差的正态概率图中的点的大致趋势明显地不在一条直线上，我们则有理由怀疑对误差的正态性假定的合理性。否则，认为误差正态性的假定是合理的。根据表 3.7 中的数据，作残差的正态概率图，如图 3.6 所示。

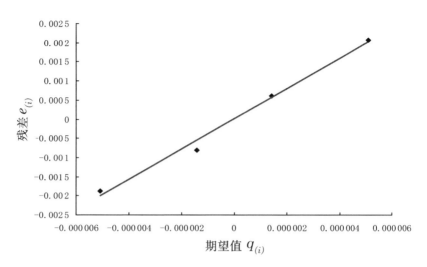

图 3.6　残差的正态概率图

从图 3.6 可以看到，点 $(q_{(i)}, e_{(i)})$ 近似在一条直线上，因此可以认为残差是满足正态性假定的。除通过观察散点图外，还可以通过计算 $e_{(i)}$ 和 $q_{(i)}$ $(i=1,2,\cdots,n)$ 之间的相关系数进一步判断它们之间线性关系的强弱。由于可以证明 $\sum\limits_{i=1}^{n} e_{(i)} = \sum\limits_{i=1}^{n} e_i = 0$ ，$\sum\limits_{i=1}^{n} q_{(i)} = 0$ 。故其相关系数为

$$\rho = \frac{\sum\limits_{i=1}^{n} e_{(i)} q_{(i)}}{\sqrt{\sum\limits_{i=1}^{n} e_{(i)}^2 \sum\limits_{i=1}^{n} q_{(i)}^2}} = \frac{2.207\ 8 \times 10^{-8}}{2.219\ 18 \times 10^{-8}} = 0.994\ 855\ 445 \qquad （3.18）$$

由于相关系数的计算值接近于 1，这进一步表明 $q_{(i)}$ 和 $e_{(i)}$ 线性关系较强，可以认为点 $(q_{(i)}, e_{(i)})$ 在一条直线上。因此可以认为误差项的正态性假定是合理的。

通过残差分析，证明建立的回归函数模型是可行的，误差项是满足正态分布假定的，试验数据很好地拟合了回归模型，模型较好地反映了数据的特点，可以应用于工程实际。

3.5 本章小结

（1）探讨了湿度对数控系统 PCB 绝缘性能的影响和湿热环境所引起的 PCB 主要的失效现象，同时通过分析 PCB 电化学迁移过程，得到数控系统 PCB 绝缘失效过程中存在相对湿度临界值，当达到该临界值后，PCB 会出现绝缘电阻值急速下降的现象进而导致 PCB 绝缘失效。

（2）针对目前国内外现有湿度临界值模型的应用缺陷和不足，将 PCB 电路设计中导线间距对湿度临界值的影响纳入考虑，建立了一个以导线间距和偏压应力为影响因素的新的湿度临界值模型，可以有效地量化 PCB 导线间距和间距间施加偏置电压的综合作用对湿度临界值的影响。

（3）针对建立的湿度临界值模型，设计湿度应力加速寿命试验，对获得的试验数据进行处理和统计分析，建立了数控系统 PCB 绝缘电阻受湿度应力影响的关系模型，然后通过模型参数辨识，计算出数控系统 PCB 在四种导线间距和偏压条件下的湿度临界值，为建立的湿度临界值模型的验证奠定基础。

（4）基于不同参数大小及对应的湿度临界值，利用最小二乘估计方法对湿度临界值模型进行参数辨识和统计检验，验证结果表明湿度临界值模型的正确性和有效性；同时利用残差分析方法，验证湿度临界值模型对试验数据的拟合效果和模型的适应性，结果显示该模型较好地反映了数据的特点，可以应用于工程实际。

第4章
双应力加速寿命试验可靠性建模及统计验证

　　数控系统PCB在储存和使用中会遭受多种因素（如温度、湿度、偏置电压、线路设计等）的影响，鉴于环境温度和导线间距是其中影响数控系统 PCB 可靠性较为重要的因素，本章在分别分析了环境温度和导线间距对 PCB 可靠性寿命影响的基础上，探讨了温度和导线间距的综合作用对 PCB 可靠性寿命的影响，建立了数控系统 PCB 在温度和导线间距综合作用下的加速模型，结合第 2 章建立的数控系统 PCB 寿命分布模型，建立了数控系统 PCB 加速寿命试验可靠性统计模型，并以数控成品板为研究对象进行双应力加速寿命试验，通过对双应力加速寿命试验数据进行统计分析，对数控系统 PCB 加速寿命试验可靠性统计模型进行参数辨识和模型验证，进一步地验证了数控系统 PCB 失效寿命分布模型，同时建立的加速模型能如实反映数控系统 PCB 在温度和导线间距综合应力作用下的特征寿命。

4.1 数控系统 PCB 在温度和导线间距作用下的加速模型建模

　　随着数控系统功能部件不断向多功能、集成化和高稳定性等方向发展，数控系统 PCB 的层数越来越多，PCB 上的线路间距越来越密集，同时由于信息传输速度的提升，数控系统 PCB 所承受的工作温度不断地上升，这增加了 PCB 电化学迁移发生的可能。电化学迁移失效在数控系统 PCB 日益小型化、集成化的发展趋势下越发凸显，在这种情形下，数控系统 PCB 绝缘可靠性技术的研究具有重要的价值。

从环境因素来看,电化学迁移是在潮湿和高温环境下发生的,在第 2 章中分析电化学迁移现象发生因素时也提到，温度和湿度是引发电化学迁移故障的重要因素 [141]。其中温度是电化学迁移的动力之一，温度变化可能会改变化学反应的控制步骤，从而影响物理、化学反应速率和机制 [142]。引发 PCB 电化学迁移故障的温度诱因主要有: 元器件的工作发热、连接不牢或虚焊导致的欧姆热、不正常放电造成的短路、元件损坏引起的高温等 [156]。一般温度的影响是与环境湿度综合考虑的，由温度和湿度诱发的电化学迁移失效引发的短路、开路等故障，成为产品可靠性工程最为头痛的问题。温度的升高通常会加速 PCB 的电化学迁移过程，对于许多产品，特别是电子产品，当以温度作为加速应力时，产品寿命与绝对温度之间的关系一般服从 Arrhenius 模型,关系如式(4.1)所示。

$$t = A\exp\left(\frac{E_a}{k_{\mathrm{B}}T}\right) \qquad (4.1)$$

式中: t 为时间; E_a 为激活能; k_{B} 为玻尔兹曼常数; T 为绝对温度; A 为常数。

其次，PCB 导电图形的设计和制造也是影响 PCB 电化学迁移的重要因素之一。IPC-9201《表面绝缘电阻管控手册》[102] 指出，PCB 的线路和结构设计是影响其绝缘可靠性的重要因素，电化学迁移一般是发生在有偏压的相邻导线或导体间。文献 [111] 指出影响电化学迁移的典型路径是孔与孔（H–H）、孔与线（H–L）和线与线（L–L），并且电化学迁移发生的概率为：H–H>H–L>L–L。文献 [113] 通过试验得出电化学迁移速率与导线（L–L）间距成正比。也就是说，导线间距越长，电化学迁移中离子迁移速率越快，失效就越容易发生；同时，电化学迁移的路径越短，迁移完成的时间就越短，故 PCB 寿命与导线间距的关系可以认为存在幂函数关系，如公式（4.2）所示。

$$t=dL^c \tag{4.2}$$

式中：t 为寿命时间；L 为导线（L–L）间距；d，c 为常数。

目前，国内外关于导线间距对 PCB 电化学迁移的影响已有相关研究[102, 112–113, 121]，但是 PCB 导线间距和温度的综合应力对其绝缘寿命的量化关系模型尚没有深入研究。据此，基于第 2 章建立的数控系统 PCB 失效寿命分布（PCB 服从两参数的 Weibull 分布）和双应力加速寿命试验的参数模型（2.21），结合导线（L–L）间距和环境温度对 PCB 失效的影响模型（4.2）和（4.1），可假定数控系统 PCB 在导线间距和温度综合应力作用下的加速寿命试验的加速模型，如式（4.3）所示。

$$\ln\eta = \beta_0 + \frac{\beta_1}{T} + \beta_2 \ln L + \beta_3 \frac{\ln L}{T} \tag{4.3}$$

式中：β_0，β_1，β_2 和 β_3 为待估参数；L 为导线（L–L）间距；T 为绝对温度。

由式（4.3）可见，在 Weibull 分布场合下，数控系统 PCB 双应力加速寿命试验加速模型理论上服从广义 Eyring 模型。该模型能否如实反映数控系统 PCB 在综合应力作用下的特征寿命与温度、导线（L-L）间距之间的关系，有待于通过设计加速寿命试验进行验证。

4.2 数控系统 PCB 双应力加速寿命试验方案

对于 PCB 这类高可靠、长寿命产品，若在正常的工作应力水平下对其进行可靠性试验往往要耗费很长的试验时间，一般采用加速寿命试验方法，通过提高温度、电压等加速应力加快产品失效，以便可以在短期内对产品的可靠性进行评定。目前，加速寿命试验按照应力施加方式的不同，可以分为恒定应力加速寿命试验（简称恒加试验）、步进应力加速寿命试验（简称步加试验）和序进应力加速寿命试验（简称序加试验）三种基本类型。简单介绍如下[32]：

（1）恒加试验是将一定数量的样品分成几组，每组固定一个应力水平进行试验，试验一直进行到每组出现一定数量的样品失效为止，最后根据试验数据进行统计推断，如图 4.1（a）所示。其特点是试验因素单一，数据容易处理，外推精度较高。

（2）步加试验是以累积损伤失效物理模型为理论依据，试验间隔一定时间逐级增加应力水平，一直进行到有一定数量的样品失效为止，如图 4.1（b）所示。步进试验由于一般假定前面低一级试验对本级试验的影响忽略不计，但实际上往往不可忽略，所以该试验的预计精度较低。

（3）序加试验是按不同的速度线性增加试验应力，直到有一定数量的样品失效为止，可近似看作步进应力的每级应力差很小的极限情况，如图 4.1（c）所示。序进试验的进行由于需要专门的程序控制，一般很少采用。

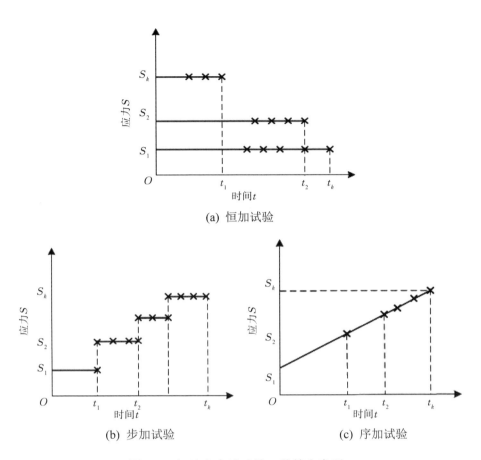

(a) 恒加试验

(b) 步加试验　　　　(c) 序加试验

图 4.1　加速寿命试验的三种基本类型

上述三种加速寿命试验方法，各有优缺点。从试验时间来看，恒加试验过程中样品失效耗时最长，步加试验和序加试验耗时相对较短，同时步加试验和序加试验所需试验样品数也较少；从试验实施方法和试验数据处理来看，目前恒加试验的理论研究最多，试验方法操作简单，试验数据处理方法也比较成熟，精度较高，因此在实际中应用最广泛[32]。综上，本试验选择恒加试验进行数控系统 PCB 加速寿命试验。基于 PCB 电化学失效机理，试验以电压和湿度作为固定应力，温度和导线间距作为加速应力，试验采用定时截尾寿命试验（即 I 型截尾寿命试验）方法。试验实施方案如下：

1.加速应力的选择和应力水平的确定

试验选择温度和导线间距作为加速应力。基于产品在各加速试验应力水平下不改变其失效机理的准则，依据 Telcoredia（Bell-core），J-STD-004 和 IPC-TM-650 标准，同时参考《工业自动化系统与集成 机床数值控制 数控系统通用技术条件》（GB/T 26220—2010），确定温度应力的 3 个水平为 75℃、85℃和 95℃。试验选取数控系统 FR-4 型成品板（板厚 2 mm，大小 275 mm×115 mm），测试图形选取数控成品板上的一部分导电图形。对于导线（L-L）间距，在待测成品板上测量测试图形的导线回路，计算导电回路的算术平均值，本试验中通过测量数控成品板上的控制电路（电源输入电压 220 V），确定本试验的导线间距的 2 个水平为 0.50 mm 和 0.75 mm。据此，温度应力和导线间距的应力水平组合的设计方案如表 4.1 所示。

表 4.1　加速寿命试验方案

试验组号	温度 T/K	导线间距 L/mm
1	348.15	0.5
2	348.15	0.75
3	358.15	0.5
4	358.15	0.75
5	368.15	0.5
6	368.15	0.75

2.试验样板的选取与分组

本试验选取同一批型号数控成品板作为试验对象分成 k 组，

在 k 组不同应力水平组合下的加速寿命试验中，每组样品数目可以相等，也可以不等。根据《可靠性试验用表》[155] 和标准《可靠性鉴定和验收实验》（GJB 899A—2009）[138] 规定，每组样品数应大于 2；为了保证以后统计分析的精度，每组样品数应不少于 5 个[139]。据此，本试验选取 36 块某型号数控用成品板，平均分成 6 组，即每组应力水平下投入 6 块试验板进行测试。

3. 测试周期和试验截尾时间的确定

在进行恒定应力加速寿命试验过程中，需要对受试样板进行失效数据采集，若有自动监测设备，那就可以得到产品精确的失效时间，但这在技术上往往是有困难的，故通常采用测试周期方法。所谓测试周期就是预先确定若干个测试时间：$0 < \tau_1 < \tau_2 < \cdots < \tau_l$。当试验进行到 $\tau_i (i=1,2,\cdots,l)$ 时，对每组受试样板逐个检查一遍，看样板是否失效。本试验采用等时间间隔测试方法，时间间隔选为 10 h，即每 10 h 对每组试验样板进行检测。此外，为了进一步缩短试验时间和节约试验经费，本试验在恒加试验下对每组试验采用定时截尾寿命试验，截尾时间 $\tau=660$ h。

4. 失效判据的确定

如第 2 章中所述，PCB 绝缘性能的评价可以通过绝缘电阻（IR）来表征。根据数控系统功能部件的考核和鉴定要求，结合标准 IPC–TM–650 method 和 J–STD–004 的相关要求，本试验规定 PCB 样板的失效判据为 100 MΩ。为保证试验精度，在试验开始之前，需将所有 PCB 置于无偏压，温度为（23±2）℃，相对湿度为（50±5）% 的环境中，分别测试其初始绝缘电阻值（IR），试验要保证所有样板初始绝缘电阻值（IR）不小于 1 000 MΩ。测试设备选用 GPI–625 绝缘电阻测试仪，如图 4.2 所示。

图 4.2　GPI-625 绝缘电阻测试仪

5. 试验过程

试验设备选用广州爱斯佩克高低温湿热环境试验箱，如图 4.3 所示。试验中，测试样板以一定间距放置在该测试箱内，每个样板选用聚四氟乙烯作为连接线与外界电源连接，并且每个样板用不同的编号加以区分。因为连接样板和测试系统的连接线的类型和质量会严重影响到试验结果，而 PTFE 连接线由于在高温高湿的情况下具有很好的绝缘性而被采用，可以有效避免连接线对测试结果的不良影响。同时为了保证试验效果，试验中要向试验箱水箱灌注纯净水。

图 4.3　高低温湿热环境试验箱

试验中，随着电化学迁移过程中导电沉淀物的生长，数控系统 PCB 的绝缘性能将会降低，绝缘电阻下降，导致回路电流增大。当电流增大时，穿过导电沉淀物的电源损耗也随之增大，当电源损耗增大到超出导电沉淀物所能承受的最大值时，导电沉淀物就会扩散开来，这种现象发生时，导电沉淀物就会被破坏，并且离子会重新分散到扩散的区域。因此，为了阻止导电沉淀物区域的扩大和保护电源不受到损坏，需要对测试电路中的最大电流进行限制。通常每个测试样板的电源电路中会接入一个阻值 1 MΩ 的电阻以达到限流的目的，该电阻的电阻值在测试电路中相对于被测样板的电阻来说非常小，故可以忽略该电阻的影响。该测试系统原理框图如图 4.4 所示，其包括高低温湿热试验箱、绝缘电阻测试仪和限流电阻等。

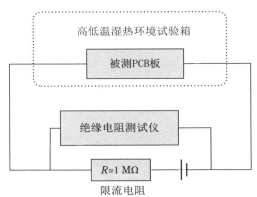

图 4.4　绝缘电阻测试原理框图

6. 试验数据

按照上述试验方案对 6 组数控成品板进行定时截尾加速寿命试验，每一固定时间间隔检测所有试验样板是否失效，直至 $\tau=660$ h，此时试验中所有 PCB 都发生绝缘失效。记录各试验应力水平组合下的 PCB 失效寿命，数据如表 4.2 所示。

表 4.2 不同应力水平组合下的失效寿命

组别	第 1 组 T=75 ℃；L=0.5 mm	第 2 组 T=75 ℃；L=0.75 mm	第 3 组 T=85 ℃；L=0.5 mm	第 4 组 T=85 ℃；L=0.75 mm	第 5 组 T=95 ℃；L=0.5 mm	第 6 组 T=95 ℃；L=0.75 mm
失效 寿命 / h	400 470 520 550 570 600	490 540 560 580 610 650	230 290 330 350 450 530	420 470 500 530 570 590	190 240 300 370 400 440	350 380 420 450 480 500

4.3 数控系统 PCB 加速寿命试验可靠性统计模型的验证

PCB 加速寿命试验可靠性统计模型包括失效寿命分布模型和加速模型，因此对该统计模型的验证，需要从这两个方面分别进行验证。

4.3.1 失效寿命分布的假设检验

为了验证数控系统 PCB 在温度应力和导线间距综合作用下的失效寿命是否服从两参数 Weibull 分布，常用到的数值检验法有 K–S 检验法、Cramer–von Mises 检验法、Tiku 检验法及 Van–Montfort 法等，鉴于双应力加速寿命试验的特点，本章采用的是检验效率较高且适用范围较广的 Van–Montfort 数值检验法[32,157]。

设在应力水平组合（i, j）（i=1, 2, …, l; j=1, 2, …, k）下有 n_{ij} 个样品进行定时截尾寿命试验，在 t 时间内获得 r_{ij} 个失效数据 $t_{ij1} \leqslant t_{ij2} \leqslant \cdots \leqslant t_{ijr_{ij}} \leqslant t$，设产品寿命分布为 $F_{ij}(t)$，现要检验该产品的寿命分布是否服从两参数的 Weibull 分布，为此建立如下检验假设：

H_0：t 服从两参数 Weibull 分布 $F_{ij}(t;m,\eta)$，其中，$F_{ij}(t_{ij};m_{ij},\eta_{ij})=$ $1-\exp\{-(t_{ij}/\eta_{ij})m_{ij}\}$。

使用 Van-Montfort 检验法进行 H_0 检验的过程如下：

首先，令 $X_{ij}=\ln t_{ij}$，则 Weibull 分布转化为极值分布：

$$F_{ij}\left(x\right)=G\frac{x-\mu_{ij}}{\sigma_{ij}}=1-\exp\left[-\exp\left(\frac{x-\mu_{ij}}{\sigma_{ij}}\right)\right] \quad （4.4）$$

式中：$m_{ij}=\ln m_{ij}$ 为位置参数；$\sigma_{ij}=1/m_{ij}$ 为刻度参数。

则原假设 H_0 转换为

H_0'：X 服从极值分布。

接着，为检验 H_0' 成立，Van-Montfort 提出统计量：

$$l_p=\frac{x_{ijp+1}-x_{ijp}}{E(Z_{p+1})-E(Z_p)} \qquad p=1,2,\cdots,r-1 \quad （4.5）$$

式中：Z_p 是来自标准极值分布 $G(x)$ 的第 p 个次序统计量；$E(Z_p)$ 是次序统计量 Z_p 的数学期望，其值可查《可靠性试验用表》[155]。

Van-Montfort 证明，若假设 H_0' 成立，则统计量 $l_1,l_2,\cdots,l_{r-1}$ 渐进独立且服从标准指数分布，故构造统计量

$$W=\frac{\left[\dfrac{r}{2}\right]\displaystyle\sum_{p=(r/2)+1}^{r-1}l_p}{\left[\dfrac{r-1}{2}\right]\displaystyle\sum_{p=1}^{r/2}l_p} \quad （4.6）$$

若假设 H_0' 成立，则统计量 W 近似服从 F 分布，且自由度为 $2\left[(r-1)/2\right]$ 和 $2\left[r/2\right]$。故，若赋值显著性水平 α，如果

$$F_{1-a/2}\left(2\left[\frac{r-1}{2}\right],2\left[\frac{r}{2}\right]\right)\leqslant W\leqslant F_{a/2}\left(2\left[\frac{r-1}{2}\right]\ 2\left[\frac{r}{2}\right]\right)$$

则认为假设 H_0' 成立，即可以认为该样本来自 Weibull 分布；否则，

拒绝 H_0'。

最后，取显著性水平 $\alpha=0.10$，计算各组不同试验应力水平组合下的 Van–Montfort 统计量，结果如表 4.3 所示。从计算结果可见，$W_k(k=1,2,\cdots,6)$ 均介于 $F_{0.95}(5,6)=0.227\ 8$ 和 $F_{0.05}(5,6)=4.39$ 之间，所以接受 H_0' 成立，即认为 $\ln t_{ij}$ 服从极值分布。所以，在显著性水平 0.10 下，产品寿命 T 在各应力水平组合下服从 Weibull 分布。

表 4.3　各试验应力水平组合下的 Van–Montfort 检验计算结果

组号	1	2	3	4	5	6
$E(Z_{p,\,n_{ij}})$	−2.369	−1.275	−0.662 7	−0.188 4	0.254 5	0.777 3
W_k	0.498	1.271 1	1.931 6	0.845 7	0.421 5	0.699 2
结果	接受 H_0					

4.3.2　加速寿命试验失效机理不变的假设检验

根据第 2 章的介绍，一个统计方法成为可行，或者可靠性统计模型的建立可以给出合理解释，需要满足三项基本假定。上一节对假定 A1 进行了验证，得到在双应力加速寿命试验过程中，数控系统 PCB 在各应力水平下均服从两参数 Weibull 分布，本节探讨基本假定 A2 是否成立。

根据基本假定 A2，产品在各应力水平下需要保证其失效机理不变，即满足 Weibull 分布形状参数 m 在各应力水平下数值相等。对于 Weibull 分布的参数估计，常用的方法主要有图估计法、最小二乘法 (LSMR)、极大似然估计 (MLE)、最佳线性无偏估计 (BLUE)、简单线性无偏估计（GLUE）、最佳线性不变估计 (BLIE) 等[32]。其中，图估计法精度不高，但比较直观；极大似然估计法的参数估计值大多具有无偏性、有效性和相合性等特点，但估计出来的结果不一定都是最好的，另外其对样本容量小时不能很好地反映总体变异；最佳线性不变估计通常以均方差作为衡量估计量优劣的标准；简单线性无偏估计计算简单，适用于样本容量较大的情况；最佳线性无偏估计法对于样本容量较小时，具有较高的精度[32,158]。鉴于本章恒加试验数据特点，选用最佳线性无偏估计对试验数据进行参数估计。此外，鉴于试验的随机性，计算的不同应力水平组合下的 $\hat{m}_{ij}$ 不可能完全相等。针对此情况，利用极值分布的有效检验方法——Bartlett（巴特利特）检验法进行检验，方法如下。

1. 各组应力水平下分布参数的线性估计

设在加速应力 S^1 和 S^2 的不同水平组合 $(i, j)(i=1,2,\cdots,l; j=1,2,\cdots,k)$ 下，投放 n_{ij} 个样品做定时截尾寿命试验，获得 r_{ij} 个失效数据，它们满足

$$t_{ij1} < t_{ij2} < \cdots < t_{ijr_{ij}} \qquad i=1,2,\cdots,l; j=1,2,\cdots,k \qquad （4.7）$$

对上述数据取对数，即

$$x_{ij}=\ln t_{ij} \qquad i=1,2,\cdots,l; j=1,2,\cdots,k \qquad （4.8）$$

则

$$x_{ij1} < x_{ij2} < \cdots < x_{ijr_{ij}} \qquad i=1,2,\cdots,l; j=1,2,\cdots,k \qquad （4.9）$$

可看作来自极值分布函数的次序统计量。

对表 4.2 中 6 组应力水平下的失效寿命数据进行极值分布参数 μ 和 σ 的最佳线性无偏估计（BLUE）。即当 $n_{ij} \leqslant 25$ 时，μ_{ij} 和 σ_{ij} 的 BLUE 计算公式为

$$\sigma_{ij} = \sum_{p=1}^{r_{ij}} C\left(n_{ij}, \ r_{ij} \ p\right)\ln t_{ij} \qquad （4.10）$$

$$\hat{\mu}_{ij} = \sum_{p=1}^{r_{ij}} D\left(n_{ij}, \quad r_{ij} \quad p\right)\ln t_{ij}$$ （4.11）

式中，$C(n_{ij},r_{ij},p)$ 和 $D(n_{ij},r_{ij},p)$ 分别称为 σ_{ij} 和 μ_{ij} 的最佳线性无偏估计系数，其值可查文献《可靠性试验用表》[155]。计算结果如表 4.4 所示。

2. 各组应力水平形状参数相等的假设检验

验证在不同应力水平 (i, j) $(i=1, 2,\cdots,l; j=1, 2,\cdots,k)$ 下的 Weibull 分布 $F_{ij}(t)=1-\mathrm{e}^{-(t/\eta_{ij})^{m_{ij}}}$ 的形状参数 m_{ij} 相等，也就是检验加速寿命试验在不同应力水平 (i, j) 下的失效机理不发生改变。

即，检验假设

H_0：$m_{00}=m_{11}=\cdots=m_{lk}$。

对 Weibull 分布做 $X_{ij}=\ln T_{ij}$ 变换后，得到 $m_{ij}=1/\sigma_{ij}$，$m_{ij}=1n\eta_{ij}$，此时 Weibull 分布转换为极值分布，即

$$F_{ij}\left(x\right) = 1 - \exp\left[-\exp\left(\frac{x-\mu_{ij}}{\sigma_{ij}}\right)\right]$$

故原假设 H_0 检验等价于检验组合应力 (i, j) 下极值分布的刻度参数 σ_{ij} 是否相等，即检验假设

$\mathrm{H}_0^{'}$：$\sigma_{00}=\sigma_{11}=\cdots=\sigma_{lk}$。

极值分布模型在定时或定数截尾恒加试验中，刻度参数相等的检验除了可以借助概率纸来完成检验，更为有效的数值检验方法是 Bartlett 检验[159]，其检验步骤如下所述。

首先，针对不同组合应力 (i, j) 进行的 p 组实验（$p=1, 2, \cdots,$ 6），构造 Bartlett 检验统计量，即

$$B^2 = 2\left(\sum_{p=1}^{6} l_{r_p n_p}^{-1}\right)\left[\ln\sum_{p=1}^{6} l_{r_p n_p}^{-1}\hat{\sigma}_p - \ln\left(\sum_{p=1}^{6} l_{r_p n_p}^{-1}\right)\right] - 2\sum_{p=1}^{6} l_{r_p n_p}^{-1}\ln\hat{\sigma}_p$$

$$（4.12）$$

$$C = 1 + \frac{1}{6(p-1)}\left[\sum_{p=1}^{6} l_{r_p n_p}^{-1} - \left(\sum_{p=1}^{6} l_{r_p n_p}^{-1}\right)^{-1}\right] \qquad （4.13）$$

式中，$l_{r_p n_p}$ 为 $\hat{\sigma}_p$（$p=1$，$2,\cdots$，6）的方差系数，其值在文献 [155] 可以查到。

其次，计算各组试验应力水平下的 Bartlett 检验统计量，计算结果如表 4.4 所示。

最后，对假设 H_0' 进行统计检验。如果假设 H_0' 成立，则 B^2/C 近似地服从自由度为 $(p-1)$ 的 χ^2 分布。对于给定的显著性水平 α，如果 $B^2/C > \chi_\alpha^2(p-1)$，则认为在 p 组应力水平下刻度参数相等的假定是不成立的；否则，可认为假设 H_0' 成立。

如上所述，参数 $\hat{\sigma}_{ij}$ 的最佳线性无偏估计（BLUE）结果如表 4.4 所示。据此，计算式（4.12）和式（4.13），得到 B^2=9.761 8，C=1.025 6，赋值显著性水平 α 为 0.01，则有 B^2/C=9.517 6<$\chi_{0.01}^2$ (5)=15.086，所以假设 H_0' 成立，可以认为刻度参数在 p 组应力水平下是相等的。也就是说，在显著性水平 α=0.01 下，6 组试验应力水平组合下的形状参数 m_{ij} 没有显著差异，满足加速寿命试验失效机理不变的要求。

表 4.4　6 组试验应力水平下的 Bartlett 检验计算结果

组号	1	2	3	4	5	6
$\hat{\sigma}_p$	0.118 9	0.094 5	0.297	0.111 8	0.271 4	0.122
$\hat{\mu}_p$	6.313 4	6.396 4	6.018 7	6.298 9	5.898 5	6.126 5
l_{r_p,n_p}^{-1}	7.578 0	7.578 0	7.578 0	7.578 0	7.578 0	7.578 0
B^2/C	9.517 6					
结果	接受					

3. 数控系统 PCB 整体寿命分布形状参数的估计

利用 BLUE 得到 6 组应力水平下的刻度参数和位置参数，并通过假设检验认为在 p 组应力水平下刻度参数是相等的，即 $\sigma_{00}=\sigma_{11}=\cdots=\sigma_{66}$，也可以表示为 $\sigma_1=\sigma_2=\cdots=\sigma_p$，并且 p 个无偏估计量的方差也可获得。那么有

$$\begin{cases} E\left(\hat{\sigma}_p\right)=\sigma \\ V_{ar}\left(\hat{\sigma}_p\right)=\sigma^2 l_{r_p n_p} \end{cases}, \quad p=1,2,\cdots,6 \qquad (4.14)$$

并且 $\hat{\sigma}_1$，$\hat{\sigma}_2$，$\cdots$，$\hat{\sigma}_p$ 是相互独立的。为了获得 $\hat{\sigma}_p$（$p=1,2,\cdots,6$) 的整体 σ 的线性无偏估计，假设 σ 的线性估计具有如下形式：

$$\hat{\sigma}=\sum_{p=1}^{6} c_p \hat{\sigma}_p \qquad (4.15)$$

式中，c_1，c_2，$\cdots$，c_p 为常数。因为 $\hat{\sigma}$ 是 σ 的无偏估计，则由式（4.14）和式（4.15）有

$$\begin{cases} E\left(\hat{\sigma}\right)=\sum_{p=1}^{6} c_p E\left(\hat{\sigma}_p\right)=\sigma \sum_{p=1}^{6} c_p \\ Var\left(\hat{\sigma}\right)=\sum_{p=1}^{6} c_p Var\left(\hat{\sigma}\right)=\sigma^2 \sum_{p=1}^{6} c_p^2 l_{r_p n_p} \end{cases} \qquad (4.16)$$

由 $\hat{\sigma}$ 的无偏性，可知 c_i 应满足

$$\sum_{p=1}^{6} c_p = 1 \tag{4.17}$$

为使式（4.16）中的方差 $\mathrm{Var}(\hat{\sigma})$ 在式（4.17）的条件下达到最小，即

$$f\left(c_1, c_2, \cdots, c_p\right) = \sum_{p=1}^{6} c_p^2 l_{r_p n_p} \tag{4.18}$$

达到最小。利用 Lagrange 乘子法，把条件极值问题化为求函数

$$\psi\left(c_1, c_2, \cdots, c_p, \lambda\right) = \sum_{p=1}^{6} c_p^2 l_{r_p n_p} + n\lambda \left(\sum_{p=1}^{6} c_p - 1\right) \tag{4.19}$$

的极值问题。分别对式（4.19）的 c_1，c_2，$\cdots$，c_p，λ 求导，解得

$$c_p = \frac{l_{r_p, n_p}^{-1}}{\sum\limits_{p=1}^{6} l_{r_p, n_p}^{-1}}, \quad p = 1, 2, \cdots, 6 \tag{4.20}$$

结合 $\hat{\sigma}_p$ 的线性组合 (4.15)，从而得到 σ 的最小方差无偏估计为

$$\hat{\sigma} = \frac{\sum\limits_{p=1}^{6} l_{r_p, n_p}^{-1} \hat{\sigma}_p}{\sum\limits_{p=1}^{6} l_{r_p, n_p}^{-1}} \tag{4.21}$$

从而得到数控系统 PCB 整体 m 的估计为

$$\hat{m} = \frac{1}{\hat{\sigma}} = \frac{\sum\limits_{p=1}^{6} l_{r_p, n_p}^{-1}}{\sum\limits_{p=1}^{6} l_{r_p, n_p}^{-1} \hat{\sigma}_p} \tag{4.22}$$

因为 $\hat{m}$ 不是 m 的无偏估计，所以经修正得到 m 的近似无偏

估计为

$$\tilde{m} = \frac{1}{\hat{\sigma}} = \frac{\sum_{p=1}^{6} l_{r_p, \, n_p}^{-1} - 1}{\sum_{p=1}^{6} l_{r_p, \, n_p}^{-1} \hat{\sigma}_p} = 5.777 \ 9 \tag{4.23}$$

且 $\tilde{m}$ 的方差要比 $\hat{m}$ 的方差小[147]。

4.3.3 加速模型的参数估计

由公式（4.10）、（4.11）得到参数 μ_{ij} 和 σ_{ij} 的最佳线性无偏估计，其对应的协方差矩阵为

$$\mathrm{Var}\begin{bmatrix} \hat{\mu}_{ij} \\ \hat{\sigma}_{ij} \end{bmatrix} = \sigma_{ij}^2 \begin{bmatrix} A_{r_{ij}n_{ij}} & B_{r_{ij}n_{ij}} \\ B_{r_{ij}n_{ij}} & l_{r_{ij}n_{ij}} \end{bmatrix} = \sigma_{ij}^2 \Lambda_{r_{ij}n_{ij}} \quad i = 1, 2, \cdots, l; j = 1, 2, \cdots, k$$

$$\tag{4.24}$$

式中，$A_{r_{ij}n_{ij}}$，$B_{r_{ij}n_{ij}}$，$l_{r_{ij}n_{ij}}$ 分别为方差、协方差系数。

根据基本假定 A3 的加速模型：

$$\ln \eta_{ij} = a_0 + a_1 \varphi_1 \left(S_i^1 \right) + a_2 \varphi_2 \left(S_j^2 \right) + a_3 \varphi_3 \left(S_i^1, S_j^2 \right)$$

$$i = 1, 2, \cdots, l; \quad j = 1, 2, \cdots, k$$

而 $\hat{\mu}_{ij}$ 为 μ_{ij} 的无偏估计，且方差系数 $A_{r_{ij}n_{ij}}$ 已知，则可得到线性模型：

$$\begin{cases} E\left(\hat{\mu}_{ij} \right) = \mu_{ij} = \ln \eta_{ij} \\ = a_0 + a_1 \varphi_1 \left(S_i^1 \right) + a_2 \varphi_2 \left(S_j^2 \right) + a_3 \varphi_3 \left(S_i^1, S_j^2 \right) \quad i = 1, 2, \cdots, l; \quad j = 1, 2, \cdots, k \\ \mathrm{V}_{ar} \left(\hat{\mu}_{ij} \right) = A_{r_{ij}n_{ij}} \sigma_{ij}^2 \end{cases}$$

$$\tag{4.25}$$

为方便起见，记 $\varphi_i^1 = \varphi_1(S_i^1)$，$\varphi_j^2 = \varphi_2(S_j^2)$，$\varphi_{ij} = \varphi_3(S_i^1, S_j^2)$，$\Lambda_{ij} = \Lambda_{r_{ij}n_{ij}}$，且令

$$\hat{\boldsymbol{\mu}} = \ln \hat{\boldsymbol{\eta}} = \begin{pmatrix} \hat{\mu}_{11} \\ \hat{\mu}_{12} \\ \vdots \\ \hat{\mu}_{ij} \\ \vdots \\ \hat{\mu}_{lk} \end{pmatrix} = \begin{pmatrix} \ln \hat{\eta}_{11} \\ \ln \hat{\eta}_{12} \\ \vdots \\ \ln \hat{\eta}_{ij} \\ \vdots \\ \ln \hat{\eta}_{lk} \end{pmatrix}, \boldsymbol{X} = \begin{pmatrix} 1 & \varphi_1^1 & \varphi_1^2 & \varphi_{11} \\ 1 & \varphi_1^1 & \varphi_2^2 & \varphi_{12} \\ \vdots & \vdots & \vdots & \vdots \\ 1 & \varphi_i^1 & \varphi_j^2 & \varphi_{ij} \\ \vdots & \vdots & \vdots & \vdots \\ 1 & \varphi_l^1 & \varphi_k^2 & \varphi_{lk} \end{pmatrix}$$

$$\boldsymbol{\alpha} = (\alpha_0, \alpha_1, \alpha_2, \alpha_3)', \quad \boldsymbol{A} = \text{diag}(A_{11}, A_{12}, \cdots, A_{ij}, \cdots, A_{lk})$$

故由式（4.25）可写成矩阵形式线性模型：

$$\begin{cases} E(\hat{\boldsymbol{\mu}}) = \boldsymbol{Xa} \\ \text{Var}(\hat{\boldsymbol{\mu}}) = \sigma^2 \boldsymbol{A} \end{cases} \tag{4.26}$$

由 Gauss–Markov 定理[135]，得 α 的 BLUE 估计为

$$\hat{\boldsymbol{\alpha}} = (\boldsymbol{X'A}^{-1}\boldsymbol{X})^{-1} \boldsymbol{X'A}^{-1} \hat{\boldsymbol{\mu}} \tag{4.27}$$

上式中，应力 S^1 和 S^2 分别为温度 T 和导线（L–L）间距 L，故由数控系统 PCB 加速模型（4.3）可得 $\varphi_i^1 = \dfrac{1}{T_i}$（$i=1,2,3$），$\varphi_j^2 = \ln L_j$（$j=1,2$），$\varphi_{ij} = \dfrac{\ln L_j}{T_i}$（$i=1,2,3; j=1,2$），$A_{r_{ij},n_{ij}}$ 为最佳线性无偏估计的方差系数，其值可查《可靠性试验用表》[155]。因此，计算模型参数 $\hat{\alpha}_0$，$\hat{\alpha}_1$，$\hat{\alpha}_2$，$\hat{\alpha}_3$，计算结果为 $(\hat{\alpha}_0,\ \hat{\alpha}_1,\ \hat{\alpha}_2,\ \hat{\alpha}_3)'$=(3.373 74, 1 088.33, –5.831 98, 0.017 64)'。故得到加速模型如下：

$$\ln \hat{\eta} = 3.37 + 1\,088.33 \cdot \frac{1}{T} - 5.83 \cdot \ln L + 0.02 \cdot \frac{\ln L}{T} \tag{4.28}$$

最后，利用建立的数控系统 PCB 加速模型（4.28）可以求出数控系统 PCB 在温度应力和导线间距作用下的可靠性特征寿命估计值。

4.3.4 加速模型的验证

为了验证加速模型 $\ln\eta_{ij}=\alpha_0+\alpha_1\varphi_1(S_i^1)+\alpha_2\varphi_2(S_j^2)+\alpha_3\varphi_3(S_i^1,S_j^2)$ 中的各项是否存在，需要通过假设检验来逐一确认。据此，建立假设

H_{0i}: $\alpha_i=0$ （$i=1$，2，3）。

若 H_{01} 成立，说明加速应力 S^1 对特征寿命没有发生影响，可以剔除；H_{02} 类似。若 H_{03} 成立，说明加速模型中温度和导线间距的交互作用项没有必要存在，故可剔除。

由 $\hat{\alpha}_i$ 的计算过程可以得到

$$E(\hat{\alpha})=\alpha_i,\ \mathrm{Var}(\alpha_i)=\left(X'A^{-1}X\right)^{-1}\sigma^2\ \ i=1,2,3$$

设 $C_{ii}=\left(X'A^{-1}X\right)^{-1}$，$\mathrm{Var}(\hat{\alpha}_i)=C_{ii}\sigma^2$，$i=1,2,3$。此时，$\hat{\alpha}_i$ 近似服从正态分布 $N(\alpha_i,\ C_{ii}\sigma^2)$。若 N_{0i} 成立，则有

$$\hat{\alpha}_i\sim N\left(\alpha_i,C_{ii}\sigma^2\right),\quad i=1,2,3 \tag{4.29}$$

即

$$Z_i=\frac{\hat{\alpha}_i}{\sqrt{C_{ii}}\sigma}\sim N(0,1),\quad i=1,2,3 \tag{4.30}$$

式中，$C_{ii}=\left(X'A^{-1}X\right)^{-1}$。

因此，Z_i 可作为 H_{0i} 的检验统计量。对于给定的显著性水平 $\alpha(0<\alpha<1)$，若 $|Z_i|<u_{a/2}$，则接受 H_{0i}，故对应项应被剔除；若 $|Z_i|\geqslant u_{a/2}$，则拒绝 H_{0i}，即认为此项应保留在加速模型中。其中，$u_{a/2}$ 为标准正态分布的 $\alpha/2$ 上侧分位数，模型参数计算结果如表 4.5 所示。现取显著性水平 $\alpha=0.4$，查表可得 $u_{0.4/2}=0.841\ 8$，故有 $|Z_i|>u_{a/2}$，$i=1$，2，3，所以拒绝假设 H_{0i}，即认为加速模型中 $\alpha_i\neq0$，所以认为加速模型（4.3）是成立的，该模型能对试验数据

进行很好的描述。

表 4.5　模型参数计算结果

i	1	2	3
C_{ii}	$5.373\,3 \times 10^7$	1 490.18	0.011 611 6
Z_i	0.857 84	−0.872 9	0.945 843
$u_{\alpha/2}$	0.841 8		
结果	拒绝 H_{0i}		

4.4 本章小结

（1）针对影响数控系统 PCB 寿命的温度应力和导电图形因素，分别探讨了数控系统 PCB 寿命与温度和导线（L–L）间距的关系，通过数控系统 PCB 失效机理分析，从失效机理角度推导出数控系统 PCB 在温度和导线间距综合应力作用下的数控系统 PCB 加速模型；

（2）寿命试验必须在符合某种数学分析方法的前提下才能进行分析、判断和估计，否则会造成很大的误差，甚至发生错误，因此在讨论加速寿命试验的类型及其优缺点的基础上，设计恒定双应力加速寿命试验方案，针对 Weibull 分布下双应力加速试验特点，提出了恒加试验中应注意的问题，确定了试验应力水平、试验样品分组、测试周期和试验过程等，最后以数控成品板为测试样板进行了试验；

（3）通过对双应力加速寿命试验数据的假设检验，验证了数控系统 PCB 的失效寿命服从两参数的 Weibull 分布，并且验证了建立的关于温度和导线间距加速模型的正确性和有效性，该加速寿命试验可靠性统计模型可以为外推数控系统 PCB 在不同应力水平下的寿命特征量提供参考，为数控系统可靠性增长提供理论支撑。

第 5 章
偏压应力加速退化试验及数据统计分析

    PCB 属于高可靠性长寿命的电子元器件产品，试验周期比较长，有时在工程允许的时间内或者一定经费内即使采用加速寿命试验，也会出现极少失效甚至零失效的现象，这给基于寿命数据的传统可靠性分析和评定带来了巨大困难。缺少足够的寿命数据是无法利用传统的统计推断方法建立可靠性统计模型的，即使有少量的失效寿命也无法建立可信度高的可靠性统计模型，也就无法利用该模型给出令人信服的可靠性推断。对此，有必要利用产品退化数据所提供的寿命信息评估产品可靠性。这是因为在某种意义上说产品失效（或故障）的发生可以认为是其性能退化引起的。目前通过研究产品的性能退化规律来评估产品可靠性是可靠性研究的一个新方向，尤其在高可靠长寿命产品的可靠性研究中具有广阔的应用前景。本章通过分析数控系统 PCB 在使用条件下的电化学迁移失效过程，建立了数控系统 PCB 在偏置电压应力作用下的加速退化轨迹模型和加速模型，并进行数控系统 PCB 加速退化试验，将伪失效寿命数据视为完全寿命数据进行统计分析，讨论并推断伪失效寿命分布模型和加速模型的待估参数，进而利用可靠性统计模型预测数控系统 PCB 可靠性特征量。

5.1 加速退化试验方法分析

5.1.1 加速退化试验基本假定

性能退化是指产品在内部机理与外界环境的综合作用下，产品性能随时间逐渐发生变化的一种物理或化学过程。这种变化累积发展达到一定量级时就会发生损伤，当这种损伤量达到一临界值时，产品就会发生故障失效，该临界值通常称为退化失效判据或退化失效阈值。对于一些长寿命产品，性能退化的过程是非常缓慢的，在一定时间内退化量的变化甚至还比不上测量误差，在这种情况下，可以考虑在保证产品失效机理不变的前提下提高试验应力水平，以便在短时间内获取产品性能退化数据。这种通过提高试验应力水平加速产品性能退化，然后通过分析处理退化数据来估计产品可靠性水平的方法称为加速退化试验。目前，加速退化试验作为高可靠长寿命产品可靠性评估的重要手段之一，具有广阔的应用前景 [31, 47,56, 129]。

加速退化试验克服了加速寿命试验中仅记录产品的失效时间，而忽略产品失效的具体过程及其性能的变化情况等方面的不足。相对于完全失效寿命数据来说，性能退化数据（性能退化量）包含了更多的关于产品性能劣化和可靠性的信息，同时通过对加速退化数据的处理，可以更准确地评估高可靠长寿命产品的寿命及可靠性特征量，从而给出满意的评估结果，弥补了加速寿命试验对无失效或极少失效试验数据处理方面的缺陷，这是一种新的评估长寿命产品可靠性的有效方法，也是对加速寿命试验的有力补充。

为保证加速退化试验能正常进行，首先需要保证试验具有加速性。加速性是指在加速退化试验过程中，产品的性能退化随着应力水平的提高而具有规律性的变化，即受试产品在高应力作用下短时间表现出的性能失效特征与产品在低应力作用下长时间表现出的性能失效特征是一致的。由于加速退化试验很多方面与加速寿命试验类似，因而加速退化试验加速性的判断条件与加速寿命试验相似[160-162]，通常是在下面 3 个基本假定下进行的。

假定 1　在各加速应力水平下产品失效机理与正常应力水平下产品失效机理相同。

退化机理一致性是加速退化试验方案实施的前提。

假定 2　在各加速应力水平下，产品的加速过程存在规律性。加速退化的规律性是指产品的性能失效特征量（或寿命特征量）与加速应力之间存在确定的函数关系。

假定 3　在各加速应力水平下，产品的退化过程服从同族随机过程。

同族随机过程是指产品在加速应力水平变化时，退化过程保持不变，只有过程参数发生改变。

假定 1 给出的退化机理一致性是加速退化试验实施的前提条件，但不是充分条件。在工程实际中，随着试验条件的变化，产品在性能退化过程中可能存在多个退化过程，几个过程相混合而无法描述加速过程规律，所以需要通过假定 2 进行补充。在退化过程满足假定 1、假定 2 的情况下，如果要进行试验数据分析与寿命预测，还必须满足假定 3。对于性能退化失效来说，同一总体的产品会具有相同的退化规律，这是因为生产工艺、制造水平是具有一致性的，但是由于产品在不同应力水平下存在随机性波

动，会造成产品寿命分布函数参数的不同。因此，可以说假定 1
和假定 2 满足了加速退化试验失效物理、化学的要求，如果要进
行加速退化试验数据统计分析，就应该满足假定 3 的要求。

5.1.2 加速退化试验建模分析

加速退化试验按照试验应力的施加方式可以分为：恒定应力
加速退化试验、步进应力加速退化试验和序进应力加速退化试验。
纵观国内外对加速退化试验技术的研究，主要是围绕恒加退化试
验、步加退化试验和序加退化试验展开的。恒加退化试验因为试
验方法简单、数据处理方法比较成熟而被广泛采用，而步加退化
试验和序加退化试验由于试验过程较难控制，实际应用中很少使
用。本书对数控系统 PCB 开展加速退化试验的工作中，主要采用
恒加退化试验进行可靠性分析研究。

对于性能退化特征明显的产品来说，可以直接利用退化失效
特征量与时间的关系（亦即产品性能退化轨迹）来直接推导产品
的可靠性，但对于性能退化特征不明显的产品而言，退化轨迹并
不能用函数关系直接量化描述出来，需要用到回归分析之类的分
析方法与技术。当试验样品的退化轨迹模型确定之后，就可以
通过外推求出不同样品达到退化失效判据的时间。这些时间并
不是样品实际试验中的失效寿命，因此称其为伪失效寿命时间
（pseud-failure lifetime）。基于伪失效寿命数据，便可以进行产品
的寿命分布研究和可靠性评估。

综上，对产品实施恒加退化试验，首先选定 k 个加速应力水
平 $S_1 < S_2 < \cdots < S_k$，分别在 k 组应力水平下投入容量为 n_1，
n_2，$\cdots$，n_k 的样本，然后把容量为 n_i 的样本放在应力水平 S_i 下进

行试验。加速退化试验可靠性建模过程如下。

（1）采集性能退化数据。性能退化数据是失效特征量随时间的延长而发生退化的数据。在试验中，对性能退化数据进行连续监测是比较困难的，因此试验采取定时测量的方法。假设 k 组样本分别在 t_1, t_2, $\cdots$, t_r 时刻测量性能退化数据，共测 r 次，数据记录如表 5.1 所示。表中，y_{kn_kr} 为应力水平 S_k 下的第 n_k 个样本在时刻 t_r 的性能退化数据。一般情况下，同一应力水平下的测试时间相同，但不要求不同应力水平下的测试次数与时间一致，也不要求各应力水平下的试验样本数目相同。

表 5.1　加速退化试验性能退化数据结构

应力水平	样本编号	测量时间			
		t_1	t_2	$\cdots$	t_r
S_1	1	y_{111}	y_{112}	$\cdots$	y_{11r}
	2	y_{121}	y_{122}	$\cdots$	y_{12r}
	$\vdots$	$\vdots$	$\vdots$	$\vdots$	$\vdots$
	n_1	y_{1n_11}	y_{1n_12}	$\cdots$	y_{1n_1r}
S_2	1	y_{211}	y_{212}	$\cdots$	y_{21r}
	2	y_{221}	y_{222}	$\cdots$	y_{22r}
	$\vdots$	$\vdots$	$\vdots$	$\vdots$	$\vdots$
	n_2	y_{2n_21}	y_{2n_22}	$\cdots$	y_{2n_2r}
$\vdots$	$\vdots$	$\vdots$	$\vdots$	$\vdots$	$\vdots$
S_k	1	y_{k11}	y_{k12}	$\cdots$	y_{k1r}
	2	y_{k21}	y_{k22}	$\cdots$	y_{k2r}
	$\vdots$	$\vdots$	$\vdots$	$\vdots$	$\vdots$
	n_k	y_{kn_k1}	y_{kn_k2}	$\cdots$	y_{kn_kr}

（2）绘制性能退化数据轨迹图。性能退化轨迹是指产品性能失效特征量随时间变化的曲线，在本书第 2 章中提到，退化轨迹一般用常见的线性模型、指数模型、幂模型、自然对数模型等进行轨迹拟合，根据曲线趋势变化选择适当的退化轨迹模型。对于退化特征不明显的产品而言，退化轨迹并不能用函数关系直接量化描述出来，需要用到回归分析之类的分析方法与技术。

（3）根据表 5.1 的性能退化数据，利用有效的数据统计方法，计算每个样本的退化轨迹模型参数。

（4）当样本的退化轨迹模型确定之后，基于退化失效判据，就可以外推求出达到退化失效判据的时间，但这些时间并不是实际的失效寿命，因此称其为伪失效寿命时间。然后利用伪失效寿命数据对产品的寿命分布模型进行假设检验，并对寿命分布模型进行参数估计。

（5）通过对产品失效机理分析，建立产品寿命与施加应力水平关系的加速模型，将伪失效寿命数据当作完全寿命数据，对加速模型进行参数辨识和模型验证。

（6）基于产品寿命分布模型和加速模型，对产品正常应力水平下的可靠性进行评估。

退化失效的过程就是退化量累积的过程，产品无论在正常应力还是在加速应力情况下，只要存在退化失效模式，同时工作时间足够，当退化量累积超过失效判据时，产品就会发生性能失效。由于退化过程的连续性，可以通过分析退化量的变化过程来研究退化失效，且退化量的变化是单调的。

5.1.3 基于加速退化试验及可靠性统计模型的可靠性分析

在实际问题中，有些产品的性能退化过程可能极其缓慢，即使经过很长的测量周期，特征量的变化也是微乎其微，这种情况在长寿命 PCB 的退化问题中尤为显著，因此需要采用加速退化试验方法。在加速退化试验中，可靠性统计模型是可靠性研究的基础，是外推和评价产品可靠性指标的核心，是加速退化试验安排与数据统计分析的依据。

加速退化试验可靠性统计模型包括加速模型、性能退化轨迹模型和寿命分布模型。加速退化试验可靠性建模分析一般要服从如下假设[50,58-59]：①产品退化过程不可逆，即产品性能特征随时间单调上升或下降；②一种加速退化统计模型对应一种退化过程、失效机理或失效模式，若产品同时存在几个退化过程或失效机理，则每个退化过程或失效机理都要建立相应的退化统计模型；③在产品加速退化试验初始阶段的性能退化可以忽略；④高应力水平下的失效机理与正常应力水平下的失效机理应保持一致。

基于加速退化试验及可靠性统计模型的可靠性分析过程实现框架如图 5.1 所示。具体说明如下。

（1）分析失效模式和失效机理。有效、广泛地收集关于产品基材组成、结构设计、实时工作情况、工作原理以及各种失效类型信息，分析产品的组成、材料、线路设计、运行环境，研究可能导致产品失效的各种原因，包括时间、环境应力、电应力、线路设计及各种参数的变化，根据各类信息初步确定产品的失效模式和机理。

（2）分析性能退化数据。产品的失效最终可追踪至某种物理或化学上的原因,这通常导致对应的性能失效特征量的逐步退化,其退化过程和产品性能直接相关,测量到的失效特征量数据也称为加速退化数据。当产品的性能退化到一定程度时,产品无法满足预先规定的要求,即产品发生失效。性能退化试验研究中,首先要通过合理的失效物理分析来确定性能失效特征量。

（3）建立加速模型。加速模型反映了性能失效特征量与施加的应力水平之间的关系,是加速退化试验数据分析的基础,利用加速模型,可以外推产品在不同应力水平下的可靠性指标。加速模型是从失效物理出发,基于数据统计推断理论,对性能退化数据进行分析推断最终加以确定的。

（4）建立性能退化轨迹模型。退化轨迹即产品性能失效特征量关于时间的函数,描述的是产品性能失效特征量随时间变化的规律。退化轨迹模型是通过对产品性能退化数据进行统计分析,并综合失效物理、化学反应机理建立的。

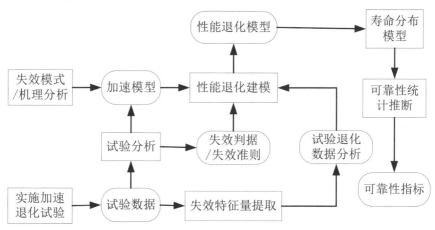

图 5.1　基于性能退化模型的可靠性分析技术框架

（5）建立寿命分布模型。寿命分布模型的建立一般是先假定产品的函数模型,再根据性能退化数据进行假设检验来验证。高可靠长寿命产品的失效寿命一般服从 Weibull 分布、正态分布或对数正态分布 [128,160]。

（6）估计模型参数及进行可靠性统计推断。对于所建立的寿命模型、加速模型和性能退化轨迹模型，利用收集的性能退化数据对模型参数进行估计和统计推断，并最终得出可靠性评估结果。

5.2 数控系统 PCB 加速退化试验及分析

5.2.1 加速退化试验与数据分析

引发数控系统 PCB 电化学迁移失效的影响因素很多，其中相邻导体间的偏置电压是电化学迁移发生的前提条件之一。在不同电场作用下的电化学迁移的扫描电子显微镜（SEM）形貌显示，电化学迁移过程中导电沉淀物生长速率随着加载电场强度增大而增大，高电场强度下，导电沉淀物生长速率较快，相反，低电场作用下生长速率较慢 [112,163]。此外，环氧玻璃布（FR-4）覆铜板加工的 PCB，由于其强度高、耐热性好、介电性能好、性价比高等特点，被广泛地应用于数控系统 PCB 中。但是，FR-4 覆铜板的吸水性偏高，同时金属铜具有较高的电化学迁移敏感性 [94-95]，因此，对于 FR-4 型数控系统 PCB 来说，高温高湿的环境是其电化学迁移发生的前提条件，偏置电压是 Cu 离子迁移和导电沉淀物形成的驱动力。当数控系统工作在湿热环境状态时，由于数控系统 PCB 上的导电电路本身处于带电状态，因此发生电化学迁移的概率很大，这对数控系统 PCB 的绝缘可靠性提出了挑战。

为了进一步研究偏置电压对数控系统 PCB 电化学迁移的影响，选取 FR-4 覆铜板作为试验对象，选取数控系统 PCB 最广泛应用的工作电压作为外加应力进行恒定应力加速退化试验，选取的四类偏置电压水平具体为：12 V，24 V，220 V 和 380 V。其中，12 V 是数控伺服单元模拟电路的电源供应电压，24 V 是数控伺服单元控制电路的系统供电电源，220 V 是数控伺服单元的控制电路电源输入电压，380 V 是数控伺服单元主回路电源输入电压。基于上一节的加速退化试验方法分析，数控系统 PCB 电压应力加速退化试验设计具体如下。

（1）试验对象。测试样板选取 FR-4 数控成品板，试验样板不应含有杂质和损伤，而且投入试验之前，各测试样板表面要经过清理；试验前要把所有测试样板在无偏压，室温条件下测量其初始绝缘电阻值，保证初始绝缘电阻值不低于 1 000 MΩ。

（2）加速应力。以电压作为影响应力进行加速退化试验，研究工作电压应力对数控系统 PCB 绝缘失效的影响。

（3）试验方法。由于恒定应力加速退化试验方法简单，数据统计分析最为成熟，因此选择恒加退化试验。

（4）试验应力水平。试验应力水平分别为 V_1=12 V，V_2=24 V，V_3=220 V，V_4=380 V。

（5）样本量分配。每个电压应力水平下投入数控系统 PCB 各 3 块。

（6）试验设备。试验选用广州爱斯佩克高低温湿热环境试验箱展开，试验中为了避免连接线对测试结果产生不良影响，连接测试样板和外部供电装置的连线选用具有很好绝缘性的 PTFE 连接线，同时为了保证试验箱内的设置环境条件维持不变，所有连接线从试验箱两侧的预留孔拉出，并用密封塞密封。

（7）失效判据。在本书第 2 章中指出，PCB 绝缘性能的评价可以通过绝缘电阻（IR）来表征的，因此选取绝缘电阻作为数控系统 PCB 性能失效特征量，失效判据规定为 100 MΩ，当低于 100 MΩ 时便可认定数控系统 PCB 绝缘失效。

（8）测试过程。首先各测试样板要以一定间距放置在测试箱中，同时每块样板用标签区分，然后设置试验箱温度以不大于 3 ℃/min 的速率从室温逐步升至 40 ℃；接着将相对湿度值缓慢升至 75%，最后，当试验箱内样板所受环境条件达到设置值并稳定运行一段时间后，对试验样板通以不同应力水平的电压。

在数控系统 PCB 加速退化试验中，连续监测其性能退化过程是比较困难的，因此试验在一定时间间隔测量试验样本绝缘电阻值，并用绝缘电阻测试仪测试记录各测试样板的绝缘电阻值。

采集数控系统 PCB 的绝缘电阻在不同时刻 t 下的值，并作绝缘电阻随时间变化的曲线。在各应力水平下，数控系统 PCB 绝缘电阻值随时间 t 变化的轨迹拟合图如图 5.2 所示。从图 5.2 中同时可以看出，数控系统 PCB 板的绝缘电阻值在相同电压应力下随时间 t 以一定趋势变化，变化趋势明显，从而可以初步确定偏置电压是影响数控系统 PCB 绝缘失效的主要应力。同时可以发现，在不同应力条件下，数控系统 PCB 的绝缘电阻值随时间变化是不尽相同的。

观察图 5.2 可见，数控系统 PCB 绝缘电阻值在施加电压后的一段时间内，出现绝缘电阻值的急剧下降，经过一段时间的处理，急剧下降的绝缘电阻值又开始慢慢恢复，之后绝缘电阻值随时间呈现有规律的下降。这种现象是由于电化学迁移现象是一种复杂的物理化学过程，试验中绝缘电阻值急速下降的情况，可能是仅在高温高湿的环境下由于附有水滴所引起的化学反应，造成了数控系统 PCB 表面导电金属细丝的扩展，从而形成一种电极间的桥接，造成导电通路，但随着导电金属细丝的间隙部分逐渐扩大，使得绝缘电阻可以得以恢复，此阶段未发生析出物[156]。当在高温高湿偏压条件下电化学迁移形成后，此过程中大量金属离子沿着导电通路移动，并伴随导电沉淀物析出，此后绝缘电阻值随着时间的延长不断地降低[156]。

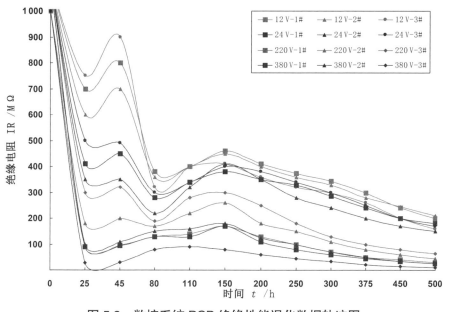

图 5.2 数控系统 PCB 绝缘性能退化数据轨迹图

基于以上分析，并由图 5.2 可以得到，当数控系统 PCB 在施加偏置电压 150 h 后，各数控系统 PCB 的绝缘电阻值随着试验时间的延长，呈现明显的单调性变化趋势，能客观反映数控系统 PCB 的工作状态。试验进行 150 h 后，在每个电压应力水平下，数控系统 PCB 的绝缘电阻在各时刻的数值记录如表 5.2 所示。

表 5.2 加速退化试验性能退化数据记录表

应力水平	样本编号	性能退化量值 /MΩ						
		150 h	200 h	250 h	300 h	375 h	450 h	500 h
12 V	12 V–1#	460	410	375	345	300	240	200
	12 V–2#	450	400	360	330	280	245	210
	12 V–3#	410	360	320	300	260	200	160
24 V	24 V–1#	380	350	330	285	240	200	180
	24 V–2#	410	350	280	240	200	170	150
	24 V–3#	400	380	340	300	250	200	170
220 V	220 V–1#	170	130	100	70	50	40	30
	220 V–2#	260	180	150	110	80	60	45
	220 V–3#	300	250	180	130	100	80	65
380 V	380 V–1#	170	110	80	60	45	35	26
	380 V–2#	180	125	100	70	50	35	25
	380 V–3#	80	60	45	35	22	15	11

5.2.2 加速退化轨迹拟合方法与实现

基于表 5.2 的数控系统 PCB 性能退化数据，对各电压应力水平下的试验样板进行退化轨迹模型拟合。基于本章上一节提到的加速退化试验建模方法，结合图 5.2 的绝缘退化趋势规律，分析性能退化数据，不妨假定数控系统 PCB 在 150 h 后的退化规律满足指数函数 $y_i = \alpha_i \cdot e^{\beta_i \cdot t}$。

为了简化计算，首先对表 5.2 中的绝缘电阻值取对数从而进行线性化处理，得到绝缘电阻对数化的值随时间的轨迹曲线，如图 5.3 所示。从图 5.3 中各样板对数化后的曲线可以看出，数控系统 PCB 绝缘电阻对数值随时间基本呈线性，因此可以初步断定退化轨迹模型是满足指数函数的，其线性化处理后得到

$$\ln y_i = \alpha_i + \beta_i \cdot t \qquad （5.1）$$

式中：t 为试验时间；y_i 为性能退化数据，即绝缘电阻；α_i、β_i 为待计算参数。

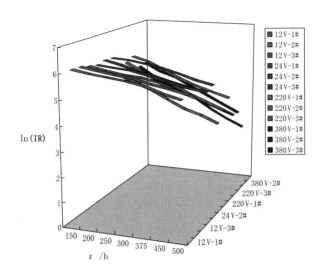

图 5.3　性能退化数据对数化的曲线

为了验证数控系统 PCB 电压应力作用下的退化轨迹模型，需要对试验数据进行统计分析，估计退化轨迹模型的参数。对于 Weibull 分布的参数估计，常用的方法有矩估计法、极大似然估计法和最小二乘法。其中，矩估计法可以在不需要知道总体分布的情况下进行总体参数估计，其基本思想是用样本平均值来估计总体的数学期望，用样本方差来估计总体方差。该方法估计出来的结果有时不具备优良的估计量性质，即无偏性、有效性和相合性，而且局限于与矩有关的估计量；极大似然估计法是在已知总体分布的情况下，通过求解似然函数最大值的方法估计总体参数值。极大似然法估计出来的参数值大多具有无偏性、有效性和相合性等特点，但该方法估计出来的结果不一定是最好的，如估计出来的方差是有偏的，另外该方法在样本容量较小时不能很好地反映总体变异；最小二乘法在对总体平均值进行估计时尽可能地降低试验数据与总体平均值存在的误差，它的基本思想是使误差平方和达到最小，该方法在线性回归模型参数估计时由于具有方便灵活的特点而被广泛运用[31]。

根据表 5.2 中的性能退化数据和线性化处理的退化轨迹模型（5.1），基于 Weibull 分布参数估计方法的比较，本试验选用最小二乘方法进行退化轨迹模型参数辨识，得到各样本退化轨迹模型有效拟合后的退化轨迹方程，如表 5.3 所示。从表中拟合模型可以看到，样板的退化轨迹方程是时间的单调函数。然后，基于拟合的退化轨迹模型，利用外推法可以求出不同样板达到失效判据时的伪失效寿命时间，即计算得到每个样板到达 100 MΩ 时的伪失效寿命时间，如表 5.3 所示。

表 5.3　退化轨迹模型参数估计值与伪失效寿命

应力水平	样本编号	模型系数 α_i	模型系数 β_i	拟合轨迹模型	伪失效寿命 $T_i／h$
12 V	12 V–1#	6.494 67	–0.002 275 11	$\ln y_{11}=6.494\ 67-0.002\ 275\ 11t$	830.511
	12 V–2#	6.419 7	–0.002 098 36	$\ln y_{12}=6.419\ 7-0.002\ 098\ 36t$	864.738
	12 V–3#	6.417 47	–0.002 523 02	$\ln y_{13}=6.417\ 47-0.002\ 523\ 02t$	718.304
24 V	24 V–1#	6.304 92	–0.002 208 01	$\ln y_{21}=6.304\ 92-0.002\ 208\ 01t$	769.81
	24 V–2#	6.392 93	–0.002 838 77	$\ln y_{22}=6.392\ 93-0.002\ 838\ 77t$	629.766
	24 V–3#	6.425 63	–0.002 498 64	$\ln y_{23}=6.425\ 63-0.002\ 498\ 64t$	728.581
220 V	220 V–1#	5.820 67	–0.004 892 39	$\ln y_{31}=5.820\ 67-0.004\ 892\ 39t$	248.446
	220 V–2#	6.204 88	–0.004 802 87	$\ln y_{32}=6.204\ 88-0.004\ 802\ 87t$	333.074
	220 V–3#	6.322 75	–0.004 409 85	$\ln y_{33}=6.322\ 75-0.004\ 409\ 85t$	389.487
380 V	380 V–1#	5.726 6	–0.005 012 79	$\ln y_{41}=5.726\ 6-0.005\ 012\ 79t$	223.714
	380 V–2#	5.953 98	–0.005 445 7	$\ln y_{42}=5.953\ 98-0.005\ 445\ 7t$	247.684
	380 V–3#	5.225 15	–0.005 636 27	$\ln y_{43}=5.225\ 15-0.005\ 636\ 27t$	109.999

5.3 电压应力加速退化试验数据的统计分析

5.3.1 加速模型的建模

基于寿命数据的加速模型反映了产品寿命特征量与应力水平间的函数关系，而性能退化试验所关心的是产品的退化情况，研究的是退化特征量与产品应力的关系。一般产品的损伤或退化，从微观上讲是起源于原子、分子的变化，例如由于电、热、机械力等引起产品内部发生平衡状态变化、化学变化、组分变化等，这将导致产品氧化、析出、电解、扩散、磨损、疲劳等失效模式发生。

根据本章上一节数控系统 PCB 加速退化试验及分析可知，电化学迁移是数控系统 PCB 发生绝缘失效的主要原因，其中，偏置电压是电化学迁移发生的驱动能量，通常化学反应必须在超越电势能阻碍的情况下才能进行合成和分解。在高温高湿的条件下，数控系统 PCB 两极间发生金属溶解，在偏压的作用下，数控系统 PCB 基材内部的化学反应会在电势能作用下加速发生，同时溶解的金属离子在偏压的驱动下发生迁移，而电压为离子迁移提供驱动力。导电沉淀物的生长速率也随着加载电场强度增大而增大，即施加较高的偏置电压，导电沉淀物生长速率较快，更容易导致数控系统 PCB 出现桥连短路，引发电路失效问题。在物理学上，已经总结出"逆幂律"关系来反映产品寿命与直流电压的关系，因此这里认为数控系统 PCB 板的寿命 T 与偏置电压 V 之间的关系符合逆幂律模型，亦即 PCB 性能退化失效物理模型，其关系模型如下：

$$t = 1/(dV^c) = AV^{-c} \qquad (5.2)$$

式中：t 表示产品寿命；V 表示偏置电压；A，d，c 为待定常数。

逆幂律表明，V 增加时产品的寿命下降。加速退化模型是产品的失效特征量或退化量与产品应力的关系。本书在第 2.4 节提出，数控系统 PCB 的失效寿命近似服从 Weibull 分布，其分布函数为

$$F(t) = 1 - \exp\left[-(t/\eta_i)^{m_i}\right] \qquad i = 0,1,\cdots,k \qquad (5.3)$$

式中，η_i，m_i 分别为应力水平 S_i 下的特征寿命和形状参数。

利用 Weibull 分布描述退化量时，为保证产品退化失效机理不变，一般假定 Weibull 寿命分布形状参数 m_i 是与时间和应力无关的常量，而特征寿命 η_i 是与应力有关的时变参量。当退化失效判据为 $D(l)$ 时，产品 t 时刻的失效概率为

$$F(t) = P\{x(t) \leqslant D(l)\} = 1 - \exp\left[-\left(\frac{D(l)}{\eta(t)}\right)^m\right] \qquad (5.4)$$

在加速退化过程中，由于假设退化量分布的形状参数 m 不受应力的影响，又由于 Weibull 分布的平均寿命为

$$E[x(t)] = \eta(t) \cdot \Gamma\left(1 + \frac{1}{m}\right) \qquad (5.5)$$

因此，当以偏置电压 V 为加速应力时，加速退化试验的参数模型可用参数 η 与应力之间的函数关系来描述，即

$$\eta(t) = AV^{-c} \qquad (5.6)$$

对式（5.6）两边对数化处理，得到

$$\ln \eta(t) = a + b\varphi(S) = a + b \cdot \ln V \qquad (5.7)$$

式中，a，b 为待估参数，且 $a = \ln A$，$b = -c$。

5.3.2 加速退化试验数据统计分析

在 5.2 节中，通过对数控系统 PCB 退化轨迹模型的外推，得到数控系统 PCB 的伪失效寿命数据，将其视为完全寿命数据，接下来将进行加速退化试验数据统计推断，估计 Weibull 分布的未知参数，以及加速退化试验的参数模型中的未知参数，为 PCB 可靠性评估奠定基础。

在本书第 4 章中通过假设检验验证了数控系统 PCB 的失效寿命服从 Weibull 分布。且当样本量 $n > 25$ 时，一般采用简单线性无偏估计来估计 Weibull 分布参数；而对于小样本 $n \leqslant 25$ 的情况，则应采用最佳线性无偏估计或最佳线性不变估计方法来求解 Weibull 分布参数 m 和 η。其中，最佳线性无偏估计方法要求被估计参数 m 和 η 具有无偏性，但在许多场合，尤其是在小子样的情况下，无偏性并不是十分重要的，而是需要估计量的均方误差达到最小，但是最佳线性无偏估计方法得到的无偏估计量的均方差不一定是最小的 [32]。当把均方误差 MSE 的大小作为衡量估计量优劣的标准，那么，均方误差小的估计量比均方误差大的估计量精确。记均方误差为

$$\mathrm{MSE}\left(\hat{\theta}\right) = E\left(\hat{\theta} - \theta\right)^{2} \qquad （5.8）$$

式中：θ 代表分布函数的参数 m 或 η；$\hat{\theta}$ 为 θ 的估计量。

假如 $\hat{\theta}$ 是 θ 的最佳线性不变估计量，则参数 θ 的估计量 $\hat{\theta}$ 具有如下性质：

（1）$\hat{\theta}$ 是线性的，亦即 $\hat{\theta}$ 是子样数据值的一个线性函数；

（2）$\mathrm{MSE}\left(\hat{\theta}\right)$ 与参数 m 和 η 无关，是一个常数，这一性质称为 $\hat{\theta}$ 是 θ 的不变估计；

（3）$\mathrm{MSE}\left(\hat{\theta}\right)$ 小于 θ 的其他线性估计量的均方差。

　　可见，对于 Weibull 分布的 m 和 η 的估计来说，最佳线性不变估计得到的估计量的均方差不大于相应的最佳线性无偏估计等方法估计量的均方差。因此将伪失效寿命数据视为完全寿命数据，对不同电压应力水平下的 Weibull 分布参数 η_i 和 m_i 采用最佳线性不变估计方法进行求解。在对 Weibull 分布参数进行估计时，一般把 Weibull 分布化为对数 Weibull 分布，也就是位置刻度模型，这样简化计算并且具有较高精度，即先通过令 $X=\ln T$，这里 X 为寿命 T 的自然对数，化简后的位置刻度模型为

$$F\left(x\right)=1-\exp\left(-\mathrm{e}^{\frac{x-\mu}{\sigma}}\right) \tag{5.9}$$

式中：μ 为位置参数，$\mu=\ln\eta$；σ 为刻度参数，$\sigma=\dfrac{1}{m}$。

　　在进行参数估计时，首先将伪失效寿命数据进行排序 $t_1 \leqslant t_2 \leqslant \cdots \leqslant t_n$，然后对伪失效寿命数据取对数得到与之对应的排序样本数据 $x_1 \leqslant x_2 \leqslant \cdots \leqslant x_n(x_j=\ln t_j)$，最后基于次序统计量，利用最佳线性不变估计方法对参数 μ 和 σ 作出估计，然后再通过换算得到 m 和 η 的估计。参数 μ 和 σ 的估计公式如下：

$$\hat{\mu}=\sum_{j=1}^{r}D_{\mathrm{I}}\left(n,r,j\right)\ln t_{j,n} \tag{5.10}$$

$$\hat{\sigma}=\sum_{j=1}^{r}C_{\mathrm{I}}\left(n,r,j\right)\ln t_{j,n} \tag{5.11}$$

式中，$C_{\mathrm{I}}(n,\ r,\ j)$ 称为 σ 的最佳线性不变估计系数；$D_{\mathrm{I}}(n,\ r,\ j)$ 称为 μ 的最佳线性不变估计系数。系数可从《可靠性试验用表》[155] 查找得到。又因为已知 $\mu=\ln\eta$，$\sigma=\dfrac{1}{m}$，所以 Weibull 分布参数 m 和 η 的计算式为

$$\hat{m} = \frac{1}{\hat{\sigma}} \qquad (5.12)$$

$$\hat{\eta} = e^{\hat{\mu}} \qquad (5.13)$$

则在加速应力 S_i 下，通过最佳线性不变估计方法对参数 m，μ，函数 $\varphi(S)=\ln V$ 的计算结果如表 5.4 所示。

表 5.4   各应力水平下各参数计算结果

S_i	$\hat{\mu}_i$	$\hat{\sigma}$	$\varphi(S_i)$	$\hat{m}_i$	$M_{r,n}^{-1}$	$M_{r,n}^{-1} \cdot \hat{m}_i$	$A_{r,n}^{-1}$
12	6.737 2	0.059 4	2.484 9	16.838	0.901	15.171 0	2.482 2
24	6.616 0	0.066 4	3.178 1	15.053	0.901	13.562 9	2.482 2
220	5.889 1	0.155 1	5.393 6	6.448 9	0.901	5.810 5	2.482 2
380	5.420 8	0.245 6	5.940 2	4.072 0	0.901	3.668 9	2.482 2
Σ					3.604	38.213 3	

由于参数 μ、σ 的最佳线性不变估计 $\hat{\mu}$、$\hat{\sigma}$ 和最佳线性无偏估计 $\hat{\mu}^*$、$\hat{\sigma}^*$ 都是 $\ln t_{j,n}$ 的线性组合，所以推导可知 $\hat{\sigma}$ 和 $\hat{\sigma}^*$ 之间有如下关系：

$$\hat{\sigma} = \frac{\hat{\sigma}^*}{1+l_{r,n}} \qquad (5.14)$$

于是

$$\hat{m} = \frac{1}{\hat{\sigma}} = \frac{1+l_{r,n}}{\hat{\sigma}^*} \qquad (5.15)$$

式中：$\hat{\sigma}^*$ 是 σ 的最佳线性无偏估计；$l_{r,n}$ 是 $\hat{\sigma}^*$ 的方差系数。

在加速应力 S_1，S_2，$\cdots$，S_l 下，用最佳线性不变估计方法获得的参数 m 的估计值分别为 $\hat{m}_1$，$\hat{m}_2$，$\cdots$，$\hat{m}_l$，则根据《可靠性试验用表》[155]，在加速寿命试验中参数 m 的最小方差无偏估计为

$$\bar{m} = \frac{\sum\limits_{i=1}^{k} M_{r,n}^{-1} \hat{m}_i}{\sum\limits_{i=1}^{k} M_{r,n}^{-1}} \qquad (5.16)$$

式中，$M_{r,n}^{-1}$ 数值是在应力 S_i 下 $\hat{m}_i / m$ 的方差的倒数，其值可按照下式近似计算：

$$M_{r,n}^{-1} \approx l_{r,n}^{-1} - 2 \qquad (5.17)$$

式中，$l_{r,n}^{-1}$ 可查《可靠性试验用表》[155] 获得，结果如表 5.4 中 $M_{r,n}^{-1}$ 列。同时结合表 5.4 中的 $\hat{m}_i$，由式（5.16）计算得到 $\overline{m}$ =10.603 03。

由式（5.7）可知

$$\mu_i = a + b\varphi_i \qquad (5.18)$$

式中：$\mu_i = \ln\eta_i(t)$；$\varphi_i = \varphi(S_i) = \ln V$。

根据 Gauss–Markov 定理，加速模型（5.18）中系数 a，b 的最小方差线性估计量是

$$\hat{a} = \frac{GH - IM}{BG - I^2} \qquad (5.19)$$

$$\hat{b} = \frac{BM - IH}{BG - I^2} \qquad (5.20)$$

式 中：$B = \sum\limits_{i=1}^{k} A_{r,n}^{-1}$；$I = \sum\limits_{i=1}^{k} A_{r,n}^{-1} \cdot \varphi(S_i)$；$G = \sum\limits_{i=1}^{k} A_{r,n}^{-1} \cdot \varphi^2(S_i)$；

$H = \sum\limits_{i=1}^{k} A_{r,n}^{-1} \cdot \ln\hat{\eta}_i$；$M = \sum\limits_{i=1}^{k} A_{r,n}^{-1} \cdot \varphi(S_i) \cdot \ln\hat{\eta}_i$。其中 $A_{r,n}^{-1}$ 是 $\hat{\mu}_i / \sigma$ 的方差的倒数，其值可查《可靠性试验用表》[155] 获得，结果如表 5.4 中 $A_{r,n}^{-1}$ 列。

根据公式（5.19）和（5.20）计算可得 $\hat{a}$ =7.711 853，$\hat{b}$= −0.363 85。因此得到加速模型：$\ln\eta_i$=7.711 853−0.363 85 · $\ln V$，即 t=223 5 · $V^{-0.363\,85}$。由该加速模型可评估不同偏置电压 V 下的数控成品板的特征寿命。

以数控伺服单元 220 V 工作电路成品板可靠性评估为例，当 V=220 V 时，由加速方程有 $\ln\eta_i$=7.711 853−0.363 85×$\ln 220$=5.749 382，则可得到特征寿命 η_{220}=313.997 h。此时，数控系统 PCB 的可靠度函

数和失效率函数如式（5.21）、式（5.22）所示。

$$R(t) = \exp\left[-\left(\frac{t}{\eta}\right)^m\right] = \exp\left[-\left(\frac{t}{314}\right)^{10.6}\right] \qquad (5.21)$$

$$\lambda(t) = \frac{m}{\eta}\left(\frac{t}{\eta}\right)^{m-1} = \frac{10.6}{314}\left(\frac{t}{314}\right)^{9.6} \qquad (5.22)$$

其他可靠性指标的估计可以类似得到。

综上所述，利用伪失效寿命数据对加速退化试验数据统计分析，推断可靠性模型的未知参数，进而对数控系统 PCB 进行可靠性评估的步骤可以用图 5.4 所示流程图来描述。

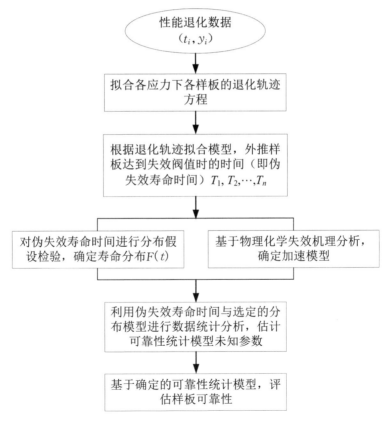

图 5.4 基于伪失效寿命数据的可靠性评估方法流程图

5.4 本章小结

（1）针对传统的 PCB 可靠性试验在相对短期内无法获取足够寿命数据的情况，开展加速退化试验技术研究，基于加速退化试验理论，给出了加速退化试验实施的前提假定和可靠性建模过程，提出了长寿命 PCB 加速退化试验可靠性评估方法。

（2）通过数控系统 PCB 电化学迁移失效过程分析，确定偏置电压是影响电化学迁移发生的重要加速应力，然后基于偏压应力的影响，安排数控系统 PCB 的加速退化试验；通过对数控系统 PCB 绝缘电阻值随时间的变化趋势规律分析，结合退化轨迹建模方法进行数控系统 PCB 退化轨迹建模，外推 PCB 达到失效判据时的伪失效寿命时间。

（3）通过分析数控系统 PCB 失效过程和加速退化模型建模方法，建立数控系统 PCB 加速模型，然后基于伪失效寿命数据进行统计分析，对数控系统 PCB 伪失效寿命分布和加速模型进行参数辨识，同时给出了加速退化试验可靠性评估方法，并基于建立的 PCB 可靠性统计模型，对数控系统 PCB 在不同电压应力下的特征寿命进行了可靠性评估。

第6章
加速退化试验可靠性建模及统计验证

　　数控系统 PCB 在工作中受到多种因素的影响，环境条件中的高温、高湿，电极间的高偏压强度和细密的导线间距都是引发其电化学失效的重要诱因。本章基于电化学迁移失效机理，通过研究数控系统 PCB 在高温－高湿－偏置电压（THB）环境下，电场强度、导线间距和偏置电压的综合作用对数控系统 PCB 绝缘性能的影响，建立数控系统 PCB 失效寿命与导线间距和偏置电压的加速关系模型，结合数控系统 PCB 失效概率分布模型，建立数控系统 PCB 加速退化试验可靠性统计模型。为了验证可靠性统计模型的正确性，本章设计多应力加速退化试验，对试验数据使用加速退化数据分析代替传统的失效寿命分析进行数据统计和模型参数辨识，同时，分别给出寿命分布模型和加速模型的验证方法。进一步地，通过残差分析验证加速模型对试验数据的拟合效果。最后，利用该可靠性统计模型，预测数控系统 PCB 的可靠性特征量，为可靠性评估和可靠性增长提供模型支撑和理论依据。

6.1 PCB 失效寿命的影响因素分析

电化学迁移是导致 PCB 绝缘可靠性失效的主要原因。如前提及，影响电化学迁移发生的因素很多，简单概括，电化学迁移主要受到下列因素的影响：

（1）PCB 的基材（覆铜板和半固化片）。

（2）阴极和阳极之间的距离（越短的距离越容易产生）。

（3）PCB 的规模和导电图形（大小、线路间距等）。

（4）温度和湿度（高温和高湿容易发生）。

（5）偏压（高电压容易发生）。

（6）杂质（卤素离子等）。

其中偏压和 PCB 的导电图形对数控系统 PCB 影响很大。因此建立在偏压和导电间距综合作用的 PCB 加速模型显得尤为重要。对于电子产品在多应力作用下的可靠性建模研究一直都是研究的热点问题。目前并没有一个万能的模型可以用来精确描述产品寿命与应力之间的关系，每个模型都是与具体的材料及其失效机理相关，并且与产品所受的实际环境应力影响有关。对于 PCB 多应力可靠性模型，迄今最为经典的是，PCB 发生电化学迁移失效的时间（time to failure，TTF）与温度和湿度的关系可由式（6.1）表示 [131,164–165]：

$$\mathrm{TTF} = aH^b \exp\left(\frac{E_a}{k_B T}\right) \quad\quad (6.1)$$

式中：TTF 表示 PCB 平均失效时间；H 是相对湿度；T 是绝对温度；E_{a_a} 是激活能；k_B 为玻尔兹曼常数（$8.62 \times 10^{-5}\mathrm{eV/K}$）；$a$ 和 b 是待定系数。

式（6.1）是发生在电压一定的条件下，当 PCB 导体（导线）

间施加电压应力时,在物理学上,已经总结出所谓的"逆幂律"关系,反映 PCB 寿命 TTF 与偏置电压 V 之间的关系,本书在上一章亦进行了试验建模并进行了统计分析,如式(6.2)所示。

$$\text{TTF}=1/\left(dV^{c}\right) \tag{6.2}$$

式中:V 是偏置电压;d 和 c 是待定系数。

近年来,PCB 基板的导线间距已经小到 30 μm 的程度,且有向更细微化发展的趋势,这说明 PCB 基板上的导线间距对电化学迁移失效时间的影响越来越大。根据 IPC-9201[102],其中提到 PCB 基板的线路布局对 PCB 绝缘性能的影响很大,线路布局包括基板的几何尺寸,测试图形的结构,导线之间的距离、线距等。目前国内外对电化学迁移失效分析中,导线间距、偏置电压和基材影响的研究越来越多[107, 166–169]。然而,目前关于电化学迁移失效时间与导线间距和偏置电压的量化关系模型还鲜有研究。

6.1.1 偏置电压对失效时间的影响

不同的偏置电压水平,对电化学迁移过程中的导电沉淀物的生长影响不同,导电沉淀物将会导致 PCB 使用过程中出现绝缘退化,甚至出现桥连短路,引发 PCB 失效。对不同导线间距的 PCB 进行 THB 试验,结果可以得到,在同种间距下,外加偏压越大,PCB 失效时间越短。通常化学反应必须在克服电势能阻碍的情况下才能进行合成和分解,外加偏压越大,越有利于化学反应的发生,有利于阳极金属的溶解。当电压较大时,阳极上由于原电池反应产生的金属离子可以更快地运动到阴极,在浓度梯度的作用下,阳极加速溶解产生新的金属离子。阳极溶解加速,使得溶液内有更多的离子,这为电化学迁移现象提供了可能。另一方面,电压越大，施加在平行导体上的电压增大，由 $E=V/L$（式中，E 是平均电场强度；V 是施加的电压；L 是导线间距），可知平行导体上的电场强度增大，溶解出来的离子在电场作用下会加速发生迁移，并在两极间沉积出导电沉淀物，且其生长速率随着电场强度增大而增大，使得电化学迁移现象较快发生。所以在相同的间距下，施加的偏压越大，导电金属细丝生长越迅速，PCB 越容易发生失效[163,170]。有研究者曾向统一规范的导线间距施加不同电压，试验结果表明施加较高的偏置电压，更容易引起电化学迁移失效[171]。综上，偏置电压对 PCB 失效时间的影响关系满足式（6.2）。

6.1.2 导线间距对失效时间的影响

相关 PCB 的试验研究表明，当施加相同的电压时，施压导线间距越小，PCB 发生绝缘失效的时间越短。发生这种情况的原因包括两点：①当施加相同的偏置电压时，如果两导线间距越小，则两导线之间的电场强度越大，这促使阳极的金属离子较快的迁移；②两导线之间的间距越小，电化学迁移过程中金属离子迁移的路径越短，造成两线之间桥接短路的导电沉淀物路径越短，越容易造成电化学迁移绝缘失效。因此可以说导线间距与 PCB 失效时间成正比关系。

进一步的研究表明，在偏压一定的情况下，失效时间与施加偏压的导线间距基本呈线性关系[170]，如式（6.3）所示，且施加电压的导线间距与失效时间直线的斜率受施加电压的影响，施加的电压越小，导线间距与失效时间直线的斜率越大，换句话说，电压越小，失效时间随导线间距的变化越大[101]。

$$TTF=\alpha_1 L^m \qquad\qquad (6.3)$$

式中：L 是导线间距；α_1 和 m 是待定系数。

6.1.3 电场强度对失效时间的影响

在电化学迁移过程中，电场强度增大，有利于促进金属离子的迁移和导电沉淀物的生长，但是近年来国内外相关研究[166,169]指出，电场强度减小未必会使PCB工作时间延长，进一步分析得出，即使在电场强度相同的情况下，当导线间距较长时，需要更多的时间来形成离子迁移的传输路径，并且离子迁移时间延长和导电沉淀物生长距离增大，所以失效时间就相对较长。

杨盼等研究者[170]通过试验数据绘制了不同条件下的 PCB 的特征失效时间随电场强度变化的曲线图，并进行了曲线拟合，由拟合结果得到，失效时间与电场强度成幂指数关系。但值得注意的是，电场强度大，对应的失效时间不一定短。试验中，1.5 V，0.45 mm 条件下的失效时间大于 2 V，0.64 mm 条件下的失效时间。尽管前者的电场强度（2.78 V/mm）大于后者的电场强度（2.61 V/mm）。而电场强度相同时，电压和导线间距不同，失效时间也不一样。试验中，电场强度相等的两种条件：1.5 V，0.32 mm 和 3 V，0.64 mm，前者的失效时间远远大于后者的失效时间。由此可以得出，电场强度相等时，失效时间主要取决于施加的电压，电压越大，失效时间越短。

6.1.4 偏压和导线间距与失效时间的影响关系建模

通过前述分析影响 PCB 失效寿命的因素可知，偏置电压和导线间距对 PCB 的影响并不能简单用电场强度来描述。这一点在文献 [166,169] 中也通过试验得以验证。因此，要建立偏置电压和导线间距的综合作用对数控系统 PCB 失效时间的影响关系模型，在 PCB 失效机理分析的基础上，基于电压、导线间距和电场强度对 PCB 失效时间的影响，即依据式（6.2）和（6.3），不妨假定导线间距和施加电压的综合作用对数控系统 PCB 失效时间的影响模型如式（6.4）所示。

$$t = A \cdot (L^m / V^n) \tag{6.4}$$

式中：t 是失效时间；L 是导线间距；V 是施加的电压；A，m 和 n 是待定系数。

由可靠性模型的特点可以总结出一个模型若是准确恰当的，必须经得起试验的验证，并能够准确预测出产品的寿命与应力之间的联系。因此，下面将设计可靠性试验并对加速模型进行统计验证。

6.2 数控系统 PCB 加速退化试验及结果分析

6.2.1 数控系统 PCB 加速退化试验

由于传统的寿命试验或者加速寿命试验都是以试验时间为代价的，在对高可靠长寿命产品进行寿命试验或者加速寿命试验时，存在以下局限：首先，需要充足的试验时间进行试验；其次，传统的寿命试验只关注失效时间（即寿命）、失效次数等突发失效特征，而忽略了产品性能退化过程中的可靠性信息；再有，传统的寿命试验数据反映的是产品总体在给定条件下的"平均属性"，不能直接反映环境对产品工作状态的影响[70,162]。因此对于高可靠性的 PCB 产品，安排性能退化试验，从产品性能参数的变化着手，根据分析失效特征量随时间的退化规律来评估 PCB 可靠性。

本书第 5 章讨论了单应力的恒加退化试验及其数据统计分析方法，但是有些产品工作时受到多个应力的综合作用。对这类产品进行加速退化试验时可以考虑进行多应力的加速退化试验，这样将会更有效地缩短试验时间，并能更好反映产品的工作状态。本章为快速评价数控系统 PCB 在综合环境条件下的工作可靠性，研究数控系统 PCB 在工作电压、结构设计，环境条件下的加速性能退化试验及其数据分析方法。

PCB 的电化学迁移性能检测通常是在加温、加湿和施加偏置电压（THB）的条件下进行的，测试通常采用美国印制电路学会（Institute of Printed Circuits，IPC）的 IPC–TM–650 Method 中的抗电化学迁移试验。该测试方法是通过考察具有一定图形结构的 PCB 样板在标准试验条件下的加速试验结果从而确定 PCB 的抗电化学迁移性能是否合格。IPC 标准中典型的试验环境条件包括 85℃/85%RH、85℃/50%RH 和 30℃/85%RH。测试中应力电压可以采用 IPC 标准中的典型试验电压 50 V 或者采用数控系统 PCB 常用工作电压。IPC 标准中测试样板通常制成梳型，在测试条件下，每隔一定时间测量梳型电极间的电阻，如果其绝缘性大幅度降低甚至变为导态，说明 PCB 已经失效，一般以失效时间长短确定 PCB 的质量，当然，质量很好的 PCB 在一定测试条件下也可能不会发生电化学迁移现象，这样可将它的失效时间认为是无限长。目前,国外对电化学迁移的研究报道较多,但是国内研究相对不足。

据此，为了研究导线间距和施加电压对数控系统 PCB 绝缘可靠性的影响，采用高温 – 高湿 – 偏压（THB）试验方法。试验中偏置电压选取数控系统中最常见的四类工作电压：12 V，24 V，220 V 和 380 V。由于试验样板设计测试板和制板再投入试验需要耗费大量的时间、人力和精力，为满足工业快速测评的要求，试验选取数控成品板作为试验样板，其性价比较高而且可以更准确反映工业用板的性能。数控成品板根据不同的功能要求而具有不同的电路设计图案。试验中选取四类电压对应的工作电路作为测试图形，如图 6.1 所示。导线间距通过测量测试图形上各段导线间距，如图 6.1 中所标识，然后取其算术平均值 $L = \dfrac{L_1 + L_2 + ... + L_n}{n}$ 而获得，式中 L_i 表示测试图形中施压导线第 i 处的导线间距，L 是导线间距算术平均值。最终得到数控系统 PCB 导线间距和施加电压的各组合为：380 V–0.75 mm, 220 V–0.55 mm, 24 V–0.25 mm 和 12 V–0.15 mm。试验样板具体的规格参数如表 6.1 所示。

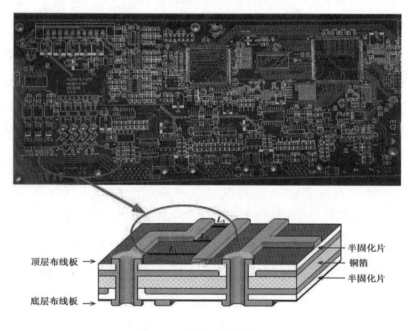

图 6.1　测试图形结构图

表 6.1 试验样板的规格参数

样本数	板型	偏置电压 / V	导线间距 / mm	板材	厚度 / mm	大小 / mm	表面处理
21	控制板	12	0.15	FR–4	2	275 × 115	HASL
21		24	0.25				
6	强电板	220	0.55				
6		380	0.75				

本试验选取 PCB 绝缘电阻作为性能失效特征量，并确定数控系统 PCB 绝缘失效判据为 100 MΩ。试验采用 IPC 典型的试验环境 85℃ /85%RH。试验准备工作和注意事项如前几章所述。试验中，数控电路板以一定间隔放置在高低温湿热环境试验箱中，当箱内温度和湿度条件达到设定值后稳定运行 180 h，间隔一定时间检测样板绝缘电阻值，运行界面如图 6.2 所示。

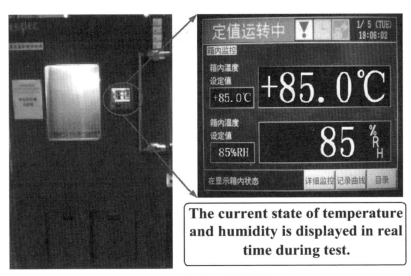

图 6.2 试验设备监测窗口

其测试步骤简单表述为：

（1）首先保证所有测试样板在无偏压，室温条件下的初始绝缘电阻值不小于 1 000 MΩ；

（2）为防止试验中温度变化产生冷凝水，试验中控制温度以不大于 3 ℃ /min 的速率从室温逐步升至 85 ℃；

（3）当试验箱温度达到设定温度值后，缓慢将相对湿度值升至 85%；

（4）试验箱保持设定温度湿度值 24 h 后对试验样板通以电压。试验流程如图 6.3 所示。

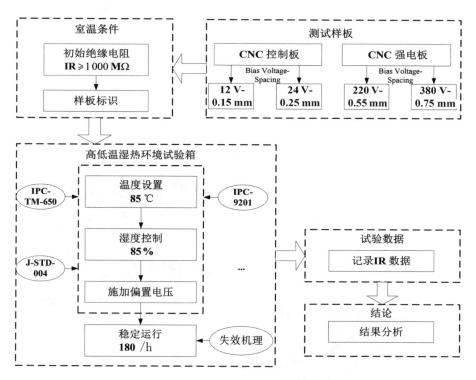

图 6.3 试验过程流程图

在数控系统 PCB 的温度 – 湿度 – 偏压（THB）试验中，维持数控系统 PCB 的环境温度和湿度保持设定值不变，通过分析不同的导线间距和偏置电压的综合作用对数控系统 PCB 绝缘电阻的影响，进而研究两应力的综合作用与数控系统 PCB 失效时间的关系。
试验中，四种不同水平组合下，各数控系统 PCB 的绝缘退化数据
随时间变化的趋势如图 6.4 所示。

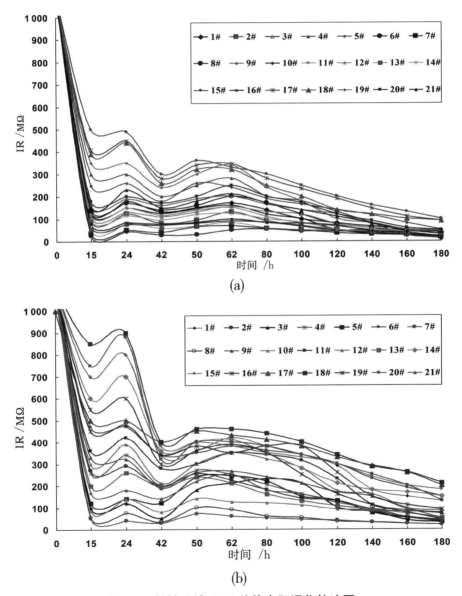

(a)

(b)

图 6.4 数控系统 PCB 绝缘电阻退化轨迹图

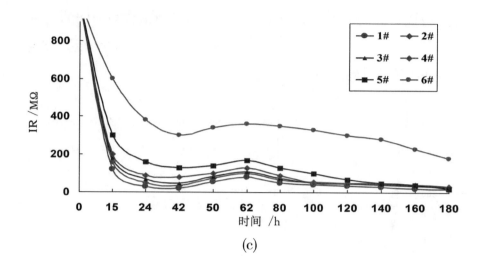

(c)

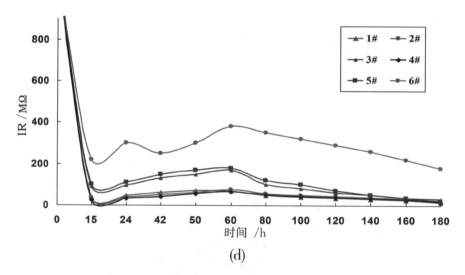

(d)

图 6.4　数控系统 PCB 绝缘电阻退化轨迹图（续）

(a) 12 V 偏置电压，0.15 mm 导线间距；　(b) 24 V 偏置电压，0.25 mm 导线间距；

(c) 220 V 偏置电压，0.55 mm 导线间距；(d) 380 V 偏置电压，0.75 mm 导线间距

6.2.2 加速退化试验结果分析

由图 6.4 可以看出，数控系统 PCB 的绝缘电阻（IR）在温度 – 湿度 – 偏压（THB）试验中随着时间延长不断减少，但在试验开始的一定时间内，绝缘电阻值变化趋势并不明显，当经过一段时间之后，绝缘电阻呈现单调性的变化规律。这种现象可以解释为电化学迁移过程是由金属水解和化合物沉淀两部分组成，在金属水解过程中，溶解的金属离子发生迁移而引起了绝缘电阻值急剧下降及恢复；随着时间推移，由于金属及其化合物的沉淀的生长，造成两导线之间绝缘性能逐渐退化直至短路。

由图 6.4（a）中可以发现，12 V–0.15 mm 条件下的数控系统 PCB 板在试验进行 80 h 之后呈现出有规律的单调性，同样的，24 V–0.25 mm，220 V–0.55 mm 和 380 V–0.75 mm 条件下的数控系统 PCB 板分别在试验进行 100 h，80 h 和 60 h 后呈现出单调性。分析绝缘电阻值随时间的变化趋势，结合 5.2.2 节的退化试验可靠性统计模型，选取较合适的退化轨迹模型对轨迹曲线进行拟合，初步假定其服从指数模型：$y_i = \beta_i \cdot e^{\alpha_i \cdot t}$。该指数模型两边取对数进行线性化处理，变换为：$\ln R_i = a + bt$，式中 R_i 是绝缘电阻值；t 是工作时间；a 和 b 是待定系数。如前所述，数控系统 PCB 绝缘失效存在失效判据，当把该失效阈值 R_H 代入退化轨迹模型时，便可外推得到数控系统 PCB 绝缘失效时的工作时间 TTF。用该退化轨迹外推方法得到的寿命值一般称为伪失效寿命数据，可以用作后续的数控系统 PCB 可靠性数据统计分析中。在求取该退化轨迹模型之前，首先需要确定在正常温度和湿度条件下数控系统 PCB 绝缘电阻值及其对应的时间值。

如第 6.2.1 节所述，数控系统 PCB 的性能退化试验是在 85% RH/85℃的加速环境条件下进行的。为了获取数控系统 PCB 在正常环境条件下的工作时间，一般需要借助其物理加速方程。目前关于 PCB 工作时间和温度及湿度的关系模型已经被广泛研究和发展 [131,164–165, 172]，该加速模型的研究理论已经相当成熟并且已经通过大量试验进行了验证。据此，本章选取业内比较认可的关于温度和湿度的加速模型，如式（6.5）所示。

$$t = a(\text{RH})^b \times \exp\left(\frac{E_a}{k_B T}\right) \quad\quad (6.5)$$

式中：t 是 PCB 的工作时间；E_a 是激活能；T 是绝对温度；k_B 是玻尔兹曼常数；a 和 b 是待定系数。

文献 [131–132,153] 的研究指出，在电化学迁移过程中，当温度高于 65℃时，湿度对 PCB 失效时间的影响并不明显。从另一个方面来说，当湿度达到电化学迁移发生的湿度临界值后，湿度的作用就比较微弱了。本章试验中环境条件是 85%RH/85℃，为了计算数控系统 PCB 在常温 25℃时的工作时间，需要利用公式（6.5）进行。对式（6.5）进行简单的变形来化简计算，变换后的计算公式为 $t_{25}=\exp\left(\frac{273+85}{273+25}\ln t_{85}\right)=\exp(1.2\ln t_{85})$。经过简单计算，试验中在 85℃下各工作时间换算为 25℃下的工作时间结果如表 6.2 所示。

表 6.2　25℃下的测试时间与 85℃下的测试时间

工作条件	85℃	25℃	85℃	25℃
工作时间 /h	15	25.8	100	251.2
	24	45.3	120	312.6
	42	88.7	140	376.1
	50	109.3	160	441.5
	62	141.5	180	208.5
	80	192.2		

  据此，再分析图 6.4 中数控系统 PCB 的绝缘电阻（IR）随时间的趋势规律，根据常见的几种函数模型，不妨假定绝缘电阻的退化轨迹服从变换后的指数模型，即 $\ln R_i = a + bt$。因此，将试验数据，即绝缘电阻（IR）取对数，再根据表 6.2 的换算时间，作四组不同应力组合下各数控系统 PCB 的绝缘电阻值（IR）的对数随时间的曲线，如图 6.5 所示。

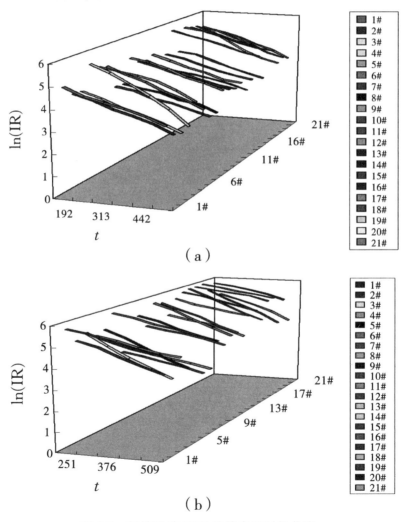

图 6.5 数控系统 PCB 绝缘电阻对数曲线

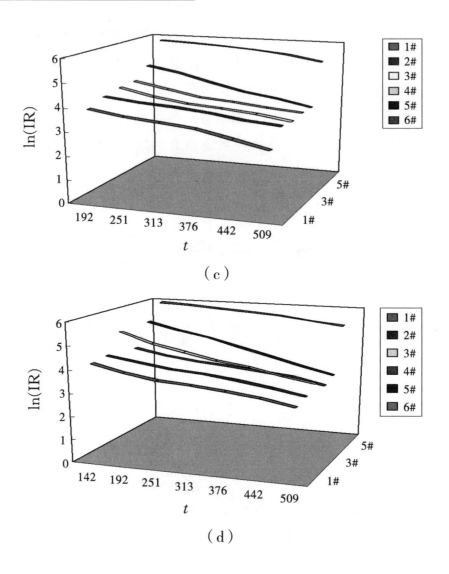

图 6.5　数控系统 PCB 绝缘电阻对数曲线（续）

(a) 12 V 偏置电压，0.15 mm 导线间距；　(b) 24 V 偏置电压，0.25 mm 导线间距；
(c) 220 V 偏置电压，0.55 mm 导线间距；　(d) 380 V 偏置电压，0.75 mm 导线间距

　　从图 6.5 的对数曲线轨迹趋势图可以看出，绝缘电阻（IR）
的对数随时间近似呈现线性关系，这与之前的假定是相符合的，

因此可以初步确定 IR 与时间 t 满足指数模型。进一步运用最小二乘估计方法对常见的几种退化轨迹模型进行拟合，最终选定最佳的模型 $\ln R_t = a + bt$ 作为绝缘电阻的退化轨迹模型。最后运用最小二乘估计方法对选定的退化轨迹模型进行参数估计，得到的拟合模型方程和残差平方和（SSE）如表 6.3 所示，其中残差平方和的计算在 3.4 章节中予以介绍，这里就不多做解释。

当通过计算得到不同应力组合条件下各 PCB 的退化轨迹方程后，下一步就是根据失效判据外推各应力组合条件下各 PCB 的伪失效寿命时间数据以进行后面的数据统计推断。如前所述，数控系统 PCB 的失效判据为 100 MΩ，所以各样本的伪失效寿命数据（pseudo–TTF）计算结果如表 6.3 所示。

表 6.3　拟合后的退化轨迹模型和伪失效寿命数据

220 V 偏置电压，0.55 mm 导线间距			380 V 偏置电压，0.75 mm 导线间距		
退化轨迹模型	SSE	伪失效寿命 /h	退化轨迹模型	SSE	伪失效寿命 /h
$\ln R_1 = 4.632\ 51 - 0.003\ 587\ 37t$	0.003 784	10.421 8	$\ln R_1 = 4.629\ 21 - 0.003\ 398\ 13t$	0.008 579	10.032 2
$\ln R_2 = 4.624\ 41 - 0.002\ 332\ 6t$	0.001 059	12.555 7	$\ln R_2 = 4.662\ 45 - 0.002\ 918\ 12t$	0.002 967	23.073 8
$\ln R_3 = 4.696\ 74 - 0.002\ 693\ 74t$	0.007 666	37.723 5	$\ln R_3 = 5.577\ 46 - 0.004\ 477\ 57t$	0.010 539	219.392
$\ln R_4 = 4.841\ 29 - 0.002\ 851\ 88t$	0.015 464	86.319 9	$\ln R_4 = 4.640\ 2 - 0.003\ 391\ 08t$	0.014 099	13.293 9
$\ln R_5 = 6.005\ 89 - 0.005\ 627\ 74t$	0.009 007	250.682	$\ln R_5 = 5.983\ 66 - 0.005\ 661\ 29t$	0.005 025	245.27
$\ln R_6 = 6.302\ 53 - 0.002\ 006\ 37t$	0.003 069	850.991	$\ln R_6 = 6.251\ 35 - 0.001\ 967\ 91t$	0.001 209	841.615
12 V 偏置电压，0.15 mm 导线间距			24 V 偏置电压，0.25 mm 导线间距		
退化轨迹模型	SSE	伪失效寿命 /h	退化轨迹模型	SSE	伪失效寿命 /h
$\ln R_1 = 5.705\ 34 - 0.004\ 159\ 96t$	0.001 510 2	266.883	$\ln R_1 = 6.827\ 56 - 0.004\ 004\ 37t$	0.006 728	557.501
$\ln R_2 = 5.584\ 45 - 0.005\ 306\ 31t$	0.011 931 1	186.445	$\ln R_2 = 6.334\ 97 - 0.005\ 158\ 9t$	0.011 289	337.252
$\ln R_3 = 5.751\ 74 - 0.006\ 219\ 07t$	0.002 995 4	185.979	$\ln R_3 = 7.104\ 46 - 0.007\ 459\ 62t$	0.014 305	336.39
$\ln R_4 = 7.416\ 53 - 0.009\ 113\ 18t$	0.076 783 4	309.597	$\ln R_4 = 5.798\ 85 - 0.003\ 096\ 57t$	0.006 703	388.73
$\ln R_5 = 6.145\ 68 - 0.004\ 101\ 87t$	0.010 436 6	378.014	$\ln R_5 = 6.599\ 26 - 0.006\ 000\ 84t$	0.005 463	333.976
$\ln R_6 = 6.108\ 57 - 0.005\ 335\ 2t$	0.003 550 3	283.672	$\ln R_6 = 6.676\ 24 - 0.003\ 255\ 59t$	0.000 655	639.245
$\ln R_7 = 4.679\ 39 - 0.003\ 362\ 32t$	0.005 338 3	25.062 3	$\ln R_7 = 4.702\ 41 - 0.003\ 413\ 94t$	0.001 136	31.428
$\ln R_8 = 4.711\ 08 - 0.003\ 416\ 97t$	0.007 304 1	33.935 9	$\ln R_8 = 4.767\ 24 - 0.003\ 542\ 38t$	0.004 366	48.587 9

续表

12 V 偏置电压，0.15 mm 导线间距			24 V 偏置电压，0.25 mm 导线间距		
退化轨迹模型	SSE	伪失效寿命 /h	退化轨迹模型	SSE	伪失效寿命 /h
$\ln R_9 = 6.055\ 06 - 0.004\ 543\ 05t$	0.008 886 4	321.356	$\ln R_9 = 6.516\ 12 - 0.004\ 412\ 28t$	0.006 525	435.376
$\ln R_{10} = 5.312\ 97 - 0.003\ 390\ 92t$	0.031 330 6	211.699	$\ln R_{10} = 6.345\ 67 - 0.005\ 736\ 37t$	0.097 259	305.166
$\ln R_{11} = 5.134\ 58 - 0.002\ 893\ 83t$	0.009 968	186.418	$\ln R_{11} = 7.261\ 44 - 0.006\ 204t$	0.018 839	429.775
$\ln R_{12} = 5.676\ 75 - 0.004\ 081\ 52t$	0.006 769 2	265.008	$\ln R_{12} = 6.730\ 64 - 0.004\ 646\ 78t$	0.009 543	459.571
$\ln R_{13} = 4.695\ 73 - 0.002\ 875\ 26t$	0.003 508 4	34.9931	$\ln R_{13} = 6.232\ 02 - 0.004\ 918\ 22t$	0.057 379	332.824
$\ln R_{14} = 5.128\ 57 - 0.003\ 195\ 71t$	0.016 936 3	166.928	$\ln R_{14} = 6.117\ 66 - 0.002\ 257\ 79t$	0.003 783	674.348
$\ln R_{15} = 6.405\ 5 - 0.003\ 635\ 47t$	0.002 448 9	497.976	$\ln R_{15} = 6.444\ 82 - 0.002\ 512\ 99t$	0.000 92	736.054
$\ln R_{16} = 5.482\ 45 - 0.004\ 556\ 75t$	0.018 482 9	194.729	$\ln R_{16} = 7.334\ 07 - 0.005\ 798\ 5t$	0.008 855	472.355
$\ln R_{17} = 6.384\ 94 - 0.003\ 593\ 67t$	0.003 757 6	498.047	$\ln R_{17} = 6.549\ 25 - 0.002\ 369\ 5t$	0.001 171	824.703
$\ln R_{18} = 6.032\ 48 - 0.003\ 053\ 96t$	0.007 63	470.653	$\ln R_{18} = 6.587\ 59 - 0.002\ 407\ 33t$	0.000 632	827.669
$\ln R_{19} = 6.464\ 56 - 0.005\ 448\ 03t$	0.015 324 9	343.141	$\ln R_{19} = 8.634\ 71 - 0.011\ 247\ 4t$	0.193 693	359.159
$\ln R_{20} = 6.267\ 32 - 0.004\ 762\ 97t$	0.002 220 3	351.084	$\ln R_{20} = 6.816\ 69 - 0.003\ 631\ 63t$	0.005 782	611.728
$\ln R_{21} = 6.161\ 12 - 0.004\ 952\ 33t$	0.008 493 9	316.215	$\ln R_{21} = 6.500\ 3 - 0.005\ 525\ 58t$	0.002 095	344.792

6.2.3　数控系统 PCB 寿命分布模型检验

产品的寿命分布是进行其可靠性统计推断的基础和前提。上一节中根据退化轨迹模型和失效判据，计算求出了 PCB 的伪失效寿命。本书在第 2 章和第 4 章假定了数控系统 PCB 寿命数据服从两参数的 Weibull 分布并根据加速寿命试验数据做了检验验证。接下来我们将利用多应力加速性能退化试验中的伪失效寿命数据进行寿命分布的假设检验。

同样地，首先建立如下检验假设：

H_0：$F_{ij}(t)$ 服从 Weibull 分布 $F_{ij0}(t; m, \eta)$，其中，$F_{ij0}(t_{ij}; m_{ij}, \eta_{ij}) = 1 - \exp\{-(t_{ij}/\eta_{ij})m_{ij}\}$。

其次，将伪失效寿命数据看作完全寿命数据，且 r 个数据有 $t_{ij1} \leqslant t_{ij2} \leqslant \cdots \leqslant t_{ijr}$。令 $X_{ij} = \ln t_{ij}$，将 Weibull 分布转化为极值分布：

$$F_{ij}\left(x\right) = G\left(\frac{x-\mu_{ij}}{\sigma_{ij}}\right) = 1 - \exp\left(-e^{\frac{x-\mu_{ij}}{\sigma_{ij}}}\right) \tag{6.6}$$

式中，$\mu_{ij}=\ln\eta_{ij}$，$\sigma_{ij}=1/m_{ij}$ 分别为位置参数与刻度参数。

则检验假设 H_0' 转换为

H_0'：X 的分布为极值分布成立。

然后，为检验 H_0'，Van Montfort 提出统计量：

$$l_p = \frac{x_{ijp+1} - x_{ijp}}{E\left(Z_{p+1}\right) - E\left(Z_p\right)} \quad p=1, 2, L, r-1 \tag{6.7}$$

式中，Z_p 是来自标准极值分布 $G(x)$ 的第 p 个次序统计量，其是由样本数 n 和失效数 r 决定的；$E(Z_p)$ 是 Z_p 的数学期望，其值可通过查《可靠性试验用表》[155] 得到。Van Montfort 证明在假设 H_0' 成立的条件下 $l_1, l_2, \cdots, l_{r-1}$ 渐进独立且渐进服从标准指数分布。故，令

$$W = \frac{\left[\dfrac{r}{2}\right] \sum\limits_{p=(r/2)+1}^{r-1} l_p}{\left[\dfrac{r-1}{2}\right] \sum\limits_{p=1}^{r/2} l_p} \tag{6.8}$$

则在假设 H_0' 成立的条件下，统计量 W 近似服从自由度为 $2\left[\dfrac{r-2}{2}\right]$ 和 $2\left[\dfrac{r}{2}\right]$ 的 F 分布。对于给定的显著性水平 α，如果

$$W \leqslant F_{1-a/2}\left(2\left[\frac{r-1}{2}\right], 2\left[\frac{r}{2}\right]\right)$$

或

$$W \geqslant F_{a/2}\left(2\left[\frac{r-1}{2}\right], 2\left[\frac{r}{2}\right]\right)$$

则认为假设 H_0' 不成立；否则，可认为该样本来自 Weibull 分布。

现赋值显著性水平 $\alpha=0.10$，则各组试验应力水平下的 Van-Montfort 检验结果如表 6.4 所示。从表 6.4 的计算结果可以看出，$W_k(k=1,2)$ 介于 $F_{0.95}(19,21)=0.466$ 和 $F_{0.05}(19,21)=2.11$ 之间，

$W_k(k=3,4)$ 介于 $F_{0.95}(4,6)=0.162$ 和 $F_{0.05}(4,6)=4.53$ 之间，所以不能拒绝 H_0'，可以认为 $\ln t_{ij}$ 服从极值分布，即在显著性水平为 0.1 下，产品寿命 T 在各应力水平下服从 Weibull 分布。

表 6.4　各组试验应力水平下的 Van–Montfort 检验计算结果

组号 j	1	2	3	4
W_j	0.619 354	0.846 784	1.916 313	0.662 892
结论	接受假设 H_0			

6.3 数控系统 PCB 加速模型验证

6.3.1 基于 Weibull 分布的 PCB 加速退化试验基本假定

如第 5 章所述，在数控系统 PCB 的寿命服从 Weibull 分布的前提下，PCB 性能退化试验需要服从以下三个基本假定：

假定 A1　在各应力水平下，PCB 退化过程都服从 Weibull 寿命分布，即应力水平变化时，PCB 寿命分布模型不变，改变的只是模型参数。此假定可以保证试验严格地进行试验数据分析与寿命预测。

假定 A2　在各加速应力水平及正常应力水平下，PCB 失效机理保持不变。退化机理一致性是退化试验方案实施的前提。因为 Weibull 分布的形状参数 m 反映了产品失效机理的变化，故此假定反映在数学上就是在双应力水平组合 (i, j) 下，产品的寿命分布的形状参数 m 保持不变，即

$$m_{00}=m_{12}=m_{ij}=m \qquad i=1,2,\cdots,l; j=1,2,\cdots, k$$

假定 A3　在各应力水平下 PCB 存在有规律的加速过程。加速退化过程的规律性是指产品性能失效特征量（或寿命特征量）

与加速应力之间存在一个明确的函数关系。在 PCB 服从 Weibull 分布前提下，PCB 在应力水平组合下的特征寿命 η 与两个加速应力（即施加的偏压 V 和导线间距 L）间的参数模型为

$$\eta = A \cdot (L^m/V^n) \qquad (6.9)$$

式中，η 是 Weibull 分布的特征寿命；L 是导线间距；V 是导线间的施加电压；A，m 和 n 是待估系数。

为了计算方便，令 $X=\ln t$，则 Weibull 分布转换为极值分布。则上述的统计分析的基本假定可相应变为：

假定 A1′ 在各应力水平下，数据 X（$X=\ln t$）服从极值分布；

假定 A2′ 在各加速应力水平及正常应力水平下，极值分布刻度参数 σ（$\sigma=1/m$）保持不变；

假定 A3′ PCB 特征寿命 η 与两个加速应力间的关系模型（6.9）对应转换为

$$\mu(x_1,x_2) = \ln\eta = \gamma_0+\gamma_1 x_1+\gamma_2 x_2 \qquad (6.10)$$

式中：$\mu=\ln\eta$；$x_1=\ln L$；$x_2=\ln V$；$\gamma_0=\ln A$；$\gamma_1=m$；$\gamma_2=-n$；γ_0, γ_1 和 γ_2 是相关待估系数。

在 PCB 统计模型的三个假定中，假定 A1 已经在上一节被验证了，下面验证其他两个假定。

6.3.2 数控系统 PCB 加速模型检验

1. 失效机理不变的假设检验

加速退化试验的前提是保证失效机理不变，当寿命服从 Weibull 分布时，从数学统计角度来说，即保证 Weibull 分布的形状参数 m_i（$j=1, 2, \cdots, K$）在不同应力水平下不变，或者保证极值分布的刻度参数 σ（$\sigma=1/m$）在各应力水平下不变。在加速试验

的统计分析中，Bartlett（巴特利特）检验法对极值分布十分有效，并且计算比较简单。因此，此处可采用 Bartlett 检验法对其进行假设检验。

对 K 组极值分布

$$F_j\left(x\right)=1-\exp\left(-\mathrm{e}^{\frac{x-\mu_j}{\sigma_j}}\right)\quad\left(j=1,2,\cdots,K\right)$$

建立检验假设：

H_0: $\sigma_1=\sigma_2=\cdots=\sigma_K$。

首先，根据 K 组不同应力组合下的伪失效寿命数据特点，采用最佳线性无偏估计求取 σ_j 的估计值 $\hat{\sigma}_j$ $(j=1, 2, \cdots, K)$。然后，构造 Bartlett 检验统计量，即

$$B^2=2\left(\sum_{j=1}^{K}l_{r_jn_j}^{-1}\right)\left[\ln\left(\sum_{j=1}^{K}l_{r_jn_j}^{-1}\hat{\sigma}_j\right)-\ln\left(\sum_{j=1}^{K}l_{r_jn_j}^{-1}\right)\right]-2\sum_{j=1}^{K}l_{r_jn_j}^{-1}\ln\hat{\sigma}_j\quad（6.11）$$

$$C=1+\frac{1}{6\left(K-1\right)}\left[\sum_{j=1}^{K}l_{r_jn_j}-\left(\sum_{j=1}^{K}l_{r_jn_j}^{-1}\right)^{-1}\right]\quad（6.12）$$

根据 Bartlett 检验理论，在假设 H_0 成立的条件下，B^2/C 近似地服从自由度为（K-1）的 χ^2 分布。对于给定的显著性水平 α，如果 $B^2/C>\chi_\alpha^2\left(K-1\right)$，则认为在 K 组应力水平下刻度参数相等的假定是不成立的；否则，可认为假设 H_0 成立。

现取显著性水平 $\alpha=0.01$，计算各组试验应力水平下的 Bartlett 检验结果，如表 6.5 所示。

表 6.5　各组试验应力水平下的 Van–Montfort 检验计算结果

组号 j	1	2	3	4
$\hat{\sigma}_j$	0.872	0.839 365	1.790 947	1.776 347
B^2/C	7.484 331			
结果	接受假设 H_0			

查《可靠性试验用表》[155]，有 $l_{r,n}^{-1} = l_{6,6}^{-1} = 7.578\ 0$，$l_{r,n}^{-1} = l_{21,21}^{-1}$ =31.810 2，由式（6.11）和式（6.12）计算可得 B^2=7.614 933，C=1.017 45，计算可得 B^2/C=7.484 331 $<\chi_{0.01}^2$=11.345，所以不能拒绝 H_0，可以认为在 K 组应力水平下刻度参数相等的假定是成立的，即认为 4 组试验应力水平组合下 Weibull 分布的形状参数 m 是保持一致的，满足保持加速寿命试验失效机理不变的要求。

2. 数控系统 PCB 加速模型的验证

数控系统 PCB 加速模型的验证，即验证该模型方程是否能确切描述数控系统 PCB 绝缘失效分布的特征寿命受偏压应力和导线间距综合作用的影响变化。数控系统 PCB 加速模型成立，即式（6.9）若成立，那么其特征寿命 $\mu=\ln\eta$ 和偏压应力转化因素 $x_1=\ln V$、导线间距转换因素 $x_2=\ln L$ 所构成的函数曲面在三维空间内应为一个平面。故验证模型（6.9）表示的方程，可通过采用回归分析法对各点 (x_{i1}, x_{i2}) 对应的 $\{\mu_i\}$ 共面性进行检验。而各点 (x_{i1}, x_{i2}, μ_i) 共面性检验，可通过加速寿命试验数据的统计分析，对式（6.10）进行回归拟合检验。通过各点 $\{\mu_i\}$ 与基于式（6.10）构造的拟合平面 $\hat{\mu}_i = \hat{\gamma}_0 + \hat{\gamma}_1 x_{i1} + \hat{\gamma}_2 x_{i2}$ 相应的拟合值 $\{\hat{\mu}_i\}$ 之间的差异来评定 $\{\mu_i\}$ 共面性的可信程度。

在进行共面性检验之前，对拟合平面，即式（6.10）进行回归拟合，步骤如下：

首先，根据式（6.10）建立二元线性回归模型

$$\mu_i = \gamma_0 + \gamma_1 x_{i1} + \gamma_2 x_{i2} + \varepsilon_i, \qquad i = 1, 2, \cdots, n \qquad (6.13)$$

式中：$\mu_i = \eta_i$；ε_i 为随机误差项。

其次，用最佳线性无偏估计对每组试验应力下的伪失效寿命数据（如表 6.3 所示）进行统计分析，得到估计值 μ_i^*（$i = 1, 2, 3, 4$）。根据变换公式 $\mu_i^* = \ln \eta_i^*$，可以计算出估计值 η_i^*。

然后，利用数据（x_{i1}, x_{i2}, μ_i^*）对式（6.13）进行最小二乘回归拟合，求出式中未知参数 γ_0，γ_1 和 γ_2 的估计值为 $\hat{\gamma}_0 = 16.084$，$\hat{\gamma}_1 = 3.298\ 68$ 和 $\hat{\gamma}_2 = -1.664\ 62$。至此，我们得到数控系统 PCB 的加速模型：$\eta(t) = 9.67 \times 10^6 \times (L^{3.299}/V^{1.66})$。根据该加速模型，可以得到数控系统 PCB 在不同偏压和导线间距综合作用下的特征寿命值 $\hat{\eta}_i$。这样，就可得到各应力水平组合点 (x_{i1}, x_{i2}) 上特征寿命的拟合值 $\hat{\mu}_i$。

经上述拟合计算，若检验空间各点 (x_{i1}, x_{i2}, μ_i) 共面，相当于最佳线性无偏估计点 $(x_{i1}, x_{i2}, \mu_i^*)$ 共面性检验，需要满足误差项 ε_i 引起的改变量远远小于拟合值 $\hat{\mu}_i$ 与试验数据统计推断值 μ_i^* 的差值 $|\hat{\mu}_i - \mu_i^*|$，当满足时说明平面与试验数据拟合程度很好。或者说，空间各点 $\{\mu_i^*\}$ 距离拟合平面 $\hat{\mu}_i = \hat{\gamma}_0 + \hat{\gamma}_1 x_{i1} + \hat{\gamma}_2 x_{i2}$ 垂直距离的平方和，即残差平方和，小于各点的回归平方和。因此构造表征残差平方和与回归平方和相对大小的检验统计量计算式进行检验，统计量计算式如下。

$$F = \frac{\mathrm{SSR}/p}{\mathrm{SSE}/(n-p-1)} \sim F(p, n-p-1) \qquad (6.14)$$

式中：SSE 是残差平方和，$\mathrm{SSE} = \sum_{i=1}^{n} \left(\ln \eta_i^* - \ln \hat{\eta}_i \right)^2$；SSR 是回归

平方和，$\text{SSR}=\sum_{i=1}^{n}\left(\ln\hat{\eta}_i-\ln\bar{\eta}^*\right)^2$，其中 $\ln\bar{\eta}^*=\dfrac{1}{n}\sum_{i=1}^{n}\ln\eta_i^*$；$p$ 是测试应力的数目。

当显著性水平 α 给定后，可以查 F 分布表得到临界值 $F_\alpha(p,n-p-1)$。若数控系统 PCB 工作寿命主要是由导线间距和偏置电压应力变化引起的，且随机误差基本不变，则检验统计量应该满足 $F>F_\alpha(p,n-p-1)$，此时可认为采用加速模型（6.10）拟合三维空间数据点 $(x_{i1}, x_{i2}, \ln\eta_i^*)$ 是合适的；否则，拒绝具有线性关系的原假定。在显著性水平 $\alpha=0.05$ 下，查 F 分布表得 $F_{0.05}(2,1)=199.5<F=1\,249.1$。因此用加速模型（6.9）拟合的平面能很好地描述试验数据，即可以认为在显著性水平为 0.05 下三维空间点 $(x_{i1}, x_{i2}, \eta_i^*)$ 共面。

6.3.3 加速模型残差分析

数控系统 PCB 加速模型的成立，首先依赖于误差项满足 Gauss–Markov 假设及正态分布的假定，因此误差项的假定检验，即 $\varepsilon_i\sim N(0,\sigma^2)$ 成立与否关乎加速方程的验证过程及其结论成立与否 [140]。

首先从试验数据的收集过程判断误差项的不相关性，试验样品从产品中随机抽取，且每组试验分批进行，因此可以认为每组试验应力下的随机误差项 e_i 是相互独立的。

其次由于残差 e_i 是误差项 ε_i 的估计量，因此可以用估计量 e_i 代替误差项 ε_i，记为 $e_i=\ln\eta_i^*-\ln\hat{\eta}_i$，因此，误差项是否满足上述假定可以通过对回归方程的残差项进行 e_i 分析来加以考察判断。

目前，针对应力水平数较少的情况，可以采用残差的正态概率图方法来检验误差项是否服从正态分布 [136]。可以证明，如果 $e_{(i)}$（下标 (i) 表示 $e_{(i)}$ 按从小到大排列的第 i 个值）来自正态分布总体，则点 $(q_{(i)}, e_{(i)})$ 应在一条直线上，其中 $q_{(i)}$ 是 $e_{(i)}$ 的期望值 [150]。残差正态概率图的计算和作图方法如第 3 章中所述，这里就不做叙述了。对误差项进行正态分布假设检验，最终得到残差 $e_{(i)}$ 与期望值 $q_{(i)}$ 的计算结果及正态概率图，结果如表 6.6 和图 6.6 所示。

表 6.6　残差与期望值的计算结果

组号 i	残差 $e_{(i)}$	$\phi\left(\dfrac{i-0.5}{n}\right)$	期望值 $q_{(i)}$
1	−0.010 77	−1.150 5	−0.013 932 492
2	−0.004 71	−0.318 7	−0.003 859 44
3	0.003 513	0.318 7	0.003 859 44
4	0.011 947	1.150 5	0.013 932 492

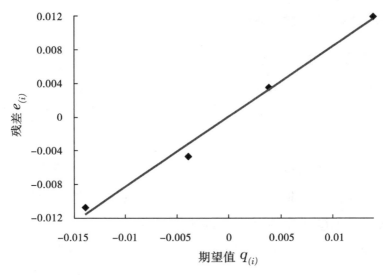

图 6.6　残差的正态概率图

图 6.6 为残差的正态概率图，可以看出点 $(q_{(i)}, e_{(i)})(i=1, 2, 3, 4)$ 近似在一条直线上。因此可以说残差是来自正态分布的。下面将

计算 $e_{(i)}$ 和 $q_{(i)}$ 的线性相关系数来进一步判断两者之间的线性关系的强弱。由于 $\sum\limits_{i=1}^{n} e_{(i)} = \sum\limits_{i=1}^{n} e_i = 0$，$\sum\limits_{i=1}^{n} q_{(i)} = 0$ 因此计算式即为

$$\rho = \frac{\sum\limits_{i=1}^{n} e_{(i)} q_{(i)}}{\sqrt{\sum\limits_{i=1}^{n} e_{(i)}^2 \sum\limits_{i=1}^{n} q_{(i)}^2}} = \frac{3.482\ 41 \times 10^{-4}}{3.501\ 2 \times 10^{-4}} = 0.994\ 633 \qquad （6.15）$$

结果可以看到线性相关系数接近 1，这表示 $e_{(i)}$ 和 $q_{(i)}$ 之间存在密切的线性关系，从而证明误差项是满足正态分布的。这也意味着数控系统 PCB 加速模型是成立的。

6.3.4 基于加速模型的预测

通过如上检验得到，数控系统 PCB 的失效寿命近似服从两参数的 Weibull 分布，同时其加速模型是正确的并且很好地对试验数据进行了拟合。在验证过程中，通过最小二乘线性回归方法，计算数控系统 PCB 加速模型参数为：$A=9.67 \times 10^6$，$m=3.299$，$n=1.66$。因此，可以得到数控系统 PCB 加速模型为

$$\eta(t) = 9.67 \times 10^6 \times (L^{3.299}/V^{1.66}) \qquad （6.16）$$

式中，$\eta(t)$ 是特征寿命，单位是小时（h）。

根据加速模型（6.16）可以计算数控系统 PCB 在四组不同应力组合下的特征寿命估计值 $\hat{\eta}(t)$，如表 6.7 所示。对照前一节中基于伪失效寿命进行的统计推断，得到数控系统 PCB 特征寿命的计算值 η_i^*，如表 6.7 所示。从表 6.7 中可以看到，在四种不同的导线间距 L 和偏置电压 V 的组合条件下，估计值 $\hat{\eta}(t)$ 与计算值 $\eta(t)^*$ 是近似相等的。因此可以说，加速模型（6.16）很好地反映了特征寿命与 L 和 V 的关系。

表 6.7　特征寿命值计算值与估计值

L /mm	V /V	A	m	n	估计值 $\hat{\eta}(t)$ /h	计算值 $\eta(t)^*$ /h
0.15	12	6.67×10^6	3.299	1.66	299	294
0.25	24	6.67×10^6	3.299	1.66	510	505
0.55	220	6.67×10^6	3.299	1.66	174	172
0.75	380	6.67×10^6	3.299	1.66	195	188

数控系统 PCB 寿命分布模型的形状参数 m 的估计值，可以通过 $\hat{m} = \dfrac{1}{\hat{\sigma}}$ 得到，式中是极值分布的刻度参数的估计值，其估计值可以通过二步估计得到。

$$\hat{\sigma} = \frac{\sum_{i=1}^{k} l_{r_i n_i}^{-1} \hat{\sigma}_i}{\sum_{i=1}^{k} l_{r_i n_i}^{-1}} \qquad (6.17)$$

式中，$l_{r,n}^{-1}$ 值可以在《可靠性试验用表》[155]中查到，$l_{r,n}^{-1} = l_{6,6}^{-1} = 7.578\,0$，$l_{r,n}^{-1} = l_{21,21}^{-1} = 31.810\,2$。结合表 6.5 中的计算值 $\hat{\sigma}_j$，计算出总体寿命分布的形状参数 $\hat{m} = 0.966$。再根据确定的加速模型（6.16），可以计算出不同应力组合 L/V 条件下的数控系统 PCB 寿命分布的特征寿命值。如若当 $L = 0.55$ mm，$V = 220$ V 时，计算得到 $\eta = 174$ h。在此条件下，数控系统 PCB 的可靠度函数和失效率函数如式（6.18）、（6.19）所示。

$$R(t) = \exp\left[-\left(\frac{t}{\eta} \right)^m \right] = \exp\left[-\left(\frac{t}{174} \right)^{0.966} \right] \qquad (6.18)$$

$$\lambda(t) = \frac{m}{\eta} \left(\frac{t}{\eta} \right)^{m-1} = \frac{0.966}{174} \left(\frac{t}{174} \right)^{-0.034} \qquad (6.19)$$

数控系统 PCB 的工作时间（Weibull 分布的平均寿命）也可

以表示为

$$E(\text{TTF}) = \hat{\eta} \cdot \Gamma\left(\frac{1}{\hat{m}} + 1\right)$$ （6.20）

式中，$\Gamma(\frac{1}{\hat{m}} + 1)$ 通过查伽马函数表可以得到 $\Gamma(\frac{1}{0.966} + 1) = 1.018$。因此可以得到 FR-4 覆铜数控系统 PCB 板的平均寿命表达式为

$$E(\text{TTF}) = 1.018 \times 9.67 \times 10^6 \times (L^{3.299} / V^{1.66})$$ （6.21）

式中：$E(\text{TTF})$ 是数控系统 PCB 的平均寿命，h；L 是数控系统 PCB 上的导线间距的算术平均值，mm；V 是施加在数控系统 PCB 导线间的偏置电压，V。

当确定数控系统 PCB 的各种可靠性特征量之后，就可以利用各可靠性特征量对数控系统 PCB 进行可靠性推断和寿命预测，为可靠性增长奠定基础。

6.4 本章小结

（1）电化学迁移是 PCB 绝缘失效的最主要的失效原因，目前国内外对电化学迁移失效过程中，导电图形、偏置电压和 PCB 基材的影响研究越来越多，然而关于电化学迁移失效时间与导线间距和偏置电压的量化关系模型还未被研究。本章通过探讨影响电化学迁移发生的主要影响因素及其对数控系统 PCB 失效时间的影响关系模型，建立了在温度–湿度–偏压（THB）环境下导线间距和偏置电压的综合作用和失效时间的量化关系模型。

（2）为快速评价数控系统 PCB 在综合环境条件下的工作可靠性，设计多应力加速退化试验方案进行可靠性分析，基于性能退化数据的分析方法，分析了数控系统 PCB 性能退化试验数据随时间变化的规律，建立了数控系统 PCB 退化轨迹模型，并外推求

出伪失效寿命数据。

（3）在基于伪失效寿命数据统计分析的基础上，利用 Van-Montfort 方法验证了数控系统 PCB 伪失效寿命服从两参数的 Weibull 分布，并用最佳线性无偏估计对伪失效寿命分布的特征寿命参数和形状参数进行了估计，为所建的多应力加速退化试验可靠性统计模型的检验提供基础。

（4）首先利用 Bartlett 检验方法验证设计的加速退化试验在不同应力水平下失效机理保持不变；其次，将各应力和 PCB 寿命影响关系的加速模型的验证问题转化为三维空间数据点共面性的检验问题，基于数据统计检验理论，以表征空间数据点和拟合值的垂直距离平方和与空间数据点本身的回归平方和相对大小的统计量作为检验指标，提出了定量评估加速退化试验加速模型准确度的线性回归拟合检验的验证方法，检验结果表明数控系统 PCB 加速退化试验可靠性统计模型是正确的、有效的；同时，进一步通过残差分析，验证了该加速模型较好地反映了试验数据的特点；最后，基于建立的加速模型进行了数控系统 PCB 特征寿命值的计算预测，进一步证明了模型的有效性，这为数控系统 PCB 可靠性预测和可靠性设计提供了重要依据，为数控系统 PCB 可靠性增长奠定基础。

结　　论

　　PCB 作为电子元器件的载体与信号传输的枢纽，是电子产品最为重要和关键的部分，其质量的好坏与可靠性水平决定了电子产品甚至整机设备的质量与可靠性。目前电子产品不断向小型化和高稳定性等方向发展，使芯片的集成度越来越高，引脚间距越来越小，从而对 PCB 中线宽、线间距及孔径等的要求越来越苛刻。同时，数控系统经常需要在比较恶劣的环境（如高温高湿粉尘）中长时间工作，对数控系统 PCB 的可靠性提出了越来越高的要求。本书围绕数控系统 PCB 的可靠性评估问题，分析了影响数控系统 PCB 绝缘寿命的环境应力（温度和湿度）、偏置电压和导电图形设计的作用，对数控系统 PCB 可靠性试验方法、可靠性建模、数据统计推断方法进行了研究。本书主要研究成果如下：

　　（1）介绍了数控系统 PCB 在工作和试验中主要的失效模式和故障现象，通过对数控系统 PCB 进行失效物理 / 化学分析可知，电极之间的电化学迁移（ECM）是导致数控系统 PCB 绝缘性劣化的主要原因，然后进一步分析了影响数控系统 PCB 电化学迁移的基材、环境因素（温度、湿度、偏置电压）、导电图形等影响因素；基于性能失效特征量的选取原则，调研国内外 PCB 测试标准和规范，确定了数控系统 PCB 绝缘性能的评价参数，并规定了数控系统 PCB 绝缘失效判据，为数控系统 PCB 的可靠性试验和可靠性分析奠定基础；通过数控系统 PCB 加速寿命试验和加速退化试验下可靠性统计模型的分析研究，从统计角度建立数控系统 PCB 的寿命分布模型，同时针对数控系统 PCB 在工作或试验中受到的双加速应力，给出了双应力加速试验加速模型建模方法，为数控系统 PCB 可靠性评估奠定基础。

（2）基于数控系统 PCB 失效机理分析，得出数控系统 PCB 绝缘失效过程中存在相对湿度临界值，当达到该临界值时，PCB 会出现绝缘电阻值急速下降的现象从而导致绝缘失效；针对现有湿度临界值模型的应用缺陷，并考虑导电图形中导线间距对湿度临界值的影响，建立了一个以导线间距和偏压应力为影响因素的湿度临界值模型，可以有效地量化 PCB 导线间距及其施加偏置电压的综合作用对湿度临界值的影响；进一步地，设计湿度应力加速寿命试验，通过对试验数据的处理和统计分析，对相对湿度临界值模型进行了参数辨识和模型验证，结果表明建立的模型可以很好地依据施加电压和导线间距预测数控系统 PCB 绝缘失效的湿度临界值，这为可靠性设计和环境控制安全提供了参考。

（3）针对数控系统 PCB 工作或试验中受到温度和导线间距的作用，分别探讨了数控系统 PCB 寿命与温度和导线间距的关系，并提出了恒定双应力加速寿命试验方案和数据统计分析方法；通过数控系统 PCB 失效机理分析，从失效机理角度推导出数控系统 PCB 在温度和导线间距综合作用下的加速模型，然后以数控成品板为测试样板进行了加速寿命试验；基于统计检验方法，利用恒定双应力加速寿命试验数据，对 Weibull 分布下双应力加速寿命试验数据进行统计分析，利用 Van-Montfort 方法验证了数控系统 PCB 失效寿命服从两参数的 Weibull 分布，同时采用数值分析方法验证了所建立的数控系统 PCB 温度和导线间距双应力加速模型是正确的，较好地描述了数控系统 PCB 在双应力作用下的寿命特征，为外推数控系统 PCB 在不同应力水平下的寿命特征量提供参考，为数控系统可靠性增长提供理论支撑。

（4）针对传统可靠性试验在相对短期内无法获取足够寿命数据的情况，开展加速退化试验技术研究，给出了基于性能退化数据的可靠性分析的一般步骤，进一步研究了数控系统 PCB 性能退化轨迹的建模过程和性能退化数据的统计分析方法；鉴于偏置电压是影响电化学迁移发生的重要加速应力，设计了数控系统 PCB 的偏置电压加速退化试验，通过对数控系统 PCB 绝缘电阻值随时间的变化趋势规律分析，结合退化轨迹建模方法进行数控系统 PCB 退化轨迹建模，外推 PCB 达到失效判据时的伪失效寿命时间；在伪失效寿命数据基础上建立了数控系统 PCB 在偏置电压应力下的加速模型和 Weibull 寿命分布的参数估计方法，同时通过加速退化试验数据统计验证可靠性统计模型是成立的，基于加速退化试验的可靠性分析方法是合理的和有效的；最后基于建立的 PCB 可靠性统计模型，对数控系统 PCB 在不同偏置电压应力下的特征寿命进行了可靠性评估。

（5）目前国内外在电化学迁移失效过程中，导电图形、偏置电压和 PCB 基材对电化学迁移失效的影响越来越重要，电化学迁移失效时间与导线间距和偏置电压的量化关系模型越来越受到重视。基于电化学迁移失效机理，提出了数控系统 PCB 在高温-高湿-偏置电压环境条件下，数控系统 PCB 寿命与电场强度、导线间距和偏置电压应力的加速关系模型，同时结合数控系统 PCB 失效概率分布模型，建立了数控系统 PCB 多应力加速退化试验可靠性统计模型；然后设计数控系统 PCB 多应力加速退化试验并进行数据统计分析，外推求出伪失效寿命，并用最佳线性无偏估计对伪失效寿命分布的特征寿命参数和形状参数进行了估计，为所建的多应力加速退化试验可靠性统计模型的检验提供基础；利用 Bartlett 检验方法验证设计的加速退化试验在不同应力水平下失效机理保持不变，同时将各应力和 PCB 寿命影响关系的加速模型的验证问题转化为三维空间数据点共面性的检验问题，基于数据统计检验理论，以表征空间数据点和拟合值的垂直距离平方和与空间数据点本身的回归平方和相对大小的统计量作为检验指标，提出了定量评估加速退化试验加速模型准确度的线性回归拟合检验的验证方法，检验结果表明数控系统 PCB 加速退化试验可靠性统计模型是正确的、有效的，并进一步通过残差分析，验证了该加速模型较好地反映了试验数据的特点，这为数控系统 PCB 可靠性预测和可靠性设计提供了重要依据，为数控系统 PCB 可靠性增长奠定基础。

本书以高可靠长寿命数控系统关键部件的可靠性评估技术需求为背景，在快速评估数控系统 PCB 在正常工作应力水平下的可靠性研究方面，取得了一些初步的成果，并对其在工程中的应用展开了较为深入的研究，但仍有大量的工作需要进一步深入和扩展。结合实际的工程实践需求，今后还需要在以下几个方面作进一步研究：

（1）产品在实际工作环境中会受到多个应力的影响，为了更贴切的模拟产品实际的工作环境，需要进一步研究产品在三综合应力甚至更多综合应力下可靠性技术的理论和方法；

（2）在定时收集产品可靠性试验数据中，会存在测量误差或者丢失部分试验数据的问题，这将影响可靠性分析结果的精度，需要进一步研究可靠性试验数据的采集误差对产品可靠性评估的影响；

（3）可靠性试验是提供产品寿命信息的主要手段，优化设计可靠性试验方案对试验数据的处理至关重要，这也影响到数据统计分析的结果精度，因此需对可靠性试验的优化设计做更有效、更深入的研究；

（4）多应力加速寿命 / 退化试验和步进应力加速寿命 / 退化试验可以更有效地节省试验时间与试验经费，可以针对这两种情况下的可靠性评估方法展开探讨。

参考文献

[1] 张怀武, 何为, 等. 现代印制电路原理与工艺 [M]. 北京: 机械工业出版社, 2012.

[2] 易盼. 薄液膜环境下 SnAgCu 焊料合金电化学迁移行为与耐蚀调控研究 [D]. 北京: 北京科技大学, 2020.

[3] WU L G, ZHANG L, ZHOU Q. Printed circuit board quality detection method integrating lightweight network and dual attention mechanism[J]. IEEE Access, 2022, 10: 87617–87629.

[4] 张小海, 龙盛荣. 质量控制 [M]. 北京: 机械工业出版社, 2019.

[5] 刘岚岚, 刘品. 可靠性工程基础（第四版）[M]. 北京: 中国质检出版社, 2014.

[6] 龚庆祥, 等. 型号可靠性工程手册 [M]. 北京: 国防工业出版社, 2007.

[7] 胡湘洪, 高军, 李劲. 可靠性试验 [M]. 北京: 电子工业出版社, 2015.

[8] HOBBS G K. Accelerated reliability engineering: HALT and HASS [M]. New York: Wiley, 2001.

[9] LEVENBACH G J. Accelerated life testing of capacitors IRA–trans on reliability and quality control [J]. PGRQC, 1957,10(1): 9–20.

[10] 殷毅超. 加速寿命试验与无失效数据下的发射装置可靠性建模与分析方法研究 [D]. 成都: 电子科技大学, 2018.

[11] 杨志宏，狄鹏，范晔，等 . 基于使用过程的舰载机机载导弹电气整机加速寿命试验方法研究 [J]. 航空兵器，2022，29(5)：83–87.

[12] 黄首清，代巍，姚泽民，等 . 两种工程化的航天器用滚动轴承加速寿命试验方法 [J]. 航天器环境工程，2021, 38(4)：413–419.

[13] 魏彦江，周祎，杨光，等 . 星载无源微波器件加速寿命试验方法研究 [J]. 装备环境工程，2021，18（10）：45–51.

[14] 潘骏，刘红杰，陈文华，等 . 航天电连接器步进应力加速寿命试验研究 [J]. 机电工程，2011, 28(2)：172–175,183.

[15] MANN N R，SCHAFER R E，SINGPWRWALLA N D. Methods for statistical analysis of reliability and life data [M]. New York: John Wiley and Sons，1974.

[16] 陈文华，李红石，连文志，等 . 航天电连接器环境综合应力加速寿命试验与统计分析 [J]. 浙江大学学报 (工学版)，2006, 40(2)：348–351.

[17] BIERNAT J, JARNICKI J, KAPLON K, et al. Accelerated life testing of electrical insulation with generalized life distribution function [C]. Proceedings of the 3th International Conference on IET: Probabilistic Methods Applied to Electric Power Systems, 1991: 267–271.

[18] 贾志成，许世蒙，等 . 加工中心寿命分布模型的研究 [J]. 兵工学报，2007, 28(3): 366–369.

[19] DAI Y, ZHOU Y F, JIA Y Z. Distribution of time between failures of machining center based on type I censored data [J]. Reliability Engineering and Syatem Safety, 2003, 79: 377–379.

[20] YUE K X, LIU M B, WANG G L, et al. Statistical analysis of the accelerated life testing for fighter–bomber wheel hubs [C]. Proceedings of Annual IEEE Conference on Reliability and Maintainability Symposium, 2009:242–246.

[21] CHAO D H, MA J, LI X Y. Research on the reliability of SLD through accelerated life testing [C]. Proceedings of the 8th IEEE Conference on Reliability, Maintainability and Safety, 2009: 1263–1267.

[22] 奚蔚, 姚卫星. 缺口件疲劳寿命分布预测的有效应力法 [J]. 固体力学学报，2013，34(2)：205–212.

[23] 钱萍. 航天电连接器综合应力加速寿命试验与统计分析的研究 [D]. 杭州：浙江大学，2009.

[24] FALLOU B, BURUIERE C, MOREL J F. First approach on multiple stress accelerated life testing of electrical insulation [C]. Conference on Electrical Insulation and Dielectric Phenomena (CEIDP), 1979: 621–628.

[25] SIMONI L, MAZZANTI G. A general multi–stress life model for insulation materials with or without evidence for thresholds [J]. IEEE Transaction on electrical insulation, 1993, 16(3): 349–364.

[26] MONTANARI G C, CACCIARI M. A probabilistic life model for insulation materials showing electrical threshold [J]. IEEE Transaction on electrical insulation, 1989, 24(1):127–137.

[27] SRINIVAS M B, RAMU T S. Multifactor aging of HV generator stator insulation including mechanical vibration [J]. IEEE Transaction on Electrical Insulation, 1992, 27(5):1009–1021.

[28] 贾占强, 蔡金燕, 梁玉英, 等. 基于综合环境加速寿命试验的

电子装备故障预测研究 [J]. 电子学报，2009, 36(6):1277–1282.

[29] 罗俊，向培胜，赵胜雷，等 . 半导体器件的长期贮存失效机理及加速模型 [J]. 微电子学，2013, 43(4)：558–563，571.

[30] 朱德馨，刘宏昭，原大宁，等 . 高速磨削电主轴可靠性加速寿命试验分析 [J]. 机械强度，2013, 35(4)：493–497.

[31] 王小云 . 基于多元性能参数的加速退化试验方法研究 [D]. 浙江：浙江理工大学机械工程学院，2012.

[32] 张志华 . 加速寿命试验及其统计分析 [M]. 北京：北京工业大学出版社，2002.

[33] 张志华，茆诗松 . 恒加试验简单线性估计的改进 [J]. 高校应用数学学报 A 辑，1997，12(4): 417–424.

[34] LUO M, JIANG T M. Step stress accelerated life testing data analysis for repairable system using proportional intensity model [C]. Proceedings of Annual Conference on Reliability and Maintainability Symposium, 2009: 360–364.

[35] 武东，毕然，汤银才 . 逐步增加 II 型截尾下指数分布恒加试验的统计分析 [J]. 数理统计与管理，2012, 31(6)：1022–1027.

[36] 张娜 . 多元 Gumbel 指数分布下加速寿命试验优化设计 [D]. 上海：华东师范大学金融与统计学院，2013.

[37] ZHANG J P, YAN Z J, WU W L, et al. Life prediction for vacuum fluorescent display based on curve fitting of brightness decay [C]. Poceedings of 3th International Conference on Measuring Technology and Mechatronics Automation, 2011: 473–475.

[38] 李军，王玉梅 .ALT 在电子产品中的应用分析 [J]. 环境适应性和可靠性，2012，(10)：19–21.

[39] 董懿 . 照明 LED 模块使用寿命快速检测方法的研究 [D]. 浙江：中国计量学院光学工程，2012.

[40] TAN Y Y, ZHANG C H, CHEN X. Bayesian analysis of incomplete data from accelerated life testing with competing failure modes [C]. Proceeding of 8th International Conference on Reliability, Maintainability and Safety, 2009:1268–1272.

[41] 张青 , 武东 , 汤银才 . 逐步 II 型截尾下指数分布恒加试验的贝叶斯分析 [J]. 山东理工大学学报 (自然科学版)，2010, 24(6)：11–14.

[42] 武东 , 汤银才 .Weibull 分布步进应力加速寿命试验的 Bayes 估计 [J]. 应用数学学报，2013, 36(3)：495–501.

[43] 张志华 , 姜礼平 . 正态分布场合下无失效数据的统计分析 [J]. 工程数学学报，2005, 22(4)：741–744.

[44] 鲍志晖 .Weibull 分布下双应力定时截尾恒加试验无失效数据的统计分析 [J]. 黄山学院学报，2006, 8(3)：6–7.

[45] LIU J F, YIN Y C, FU G Z, et al. A fusion method of zero–failure data in different environments for reliability assessment of success–failure type products [C]. International Conference on Quality, Reliability, Risk, Maintenance and Safety Engineering, 2013: 1102–1105.

[46] 刘永峰 , 郑海鹰 . 无失效数据的统计分析 [J]. 浙江大学学报 (理学版)，2012, 39(3)：273–277, 283.

[47] 李军亮，贺英政，王正 , 等 . 机载电子产品加速试验研究进展 [J]. 海军航空大学学报，2022，37（3）：277–283.

[48] MEEKER W Q, HAMADA M. Statistical tools for the rapid

development and evalution of high−reliability producets [J]. IEEE Transactions on Reliability, 1995, 44(2):187−198.

[49] JIANG P H, WANG B X, WANG X F, et al. Inverse Gaussian process based reliability analysis for constantstress accelerated dagradation data [J]. Applied Mathematical Modelling, 2022, 105: 137−148.

[50] MEEKER W Q, ESCOBAR L A, LU C J. Accelerated degradation tests: modeling and analysis [J]. Technometrics, 1998, 40(2): 89−99.

[51] OMSHI E M, AZIZI F. Estimation and optimization for step−stress accelerated dagradation tests under an inverse Gaussian process with tampered degradation model [J]. Iranian Journal of Science and Technology Transaction A−Science, 2022, 46(1): 297−308.

[52] PARK S J, YUM B J, BALAMURALI S. Optimal design of step−stress degradation tests in the case of destructive measurement [J]. Quality Technology and Quantitative Management, 2004, 1(1): 105−124.

[53] YE X R, SUN Q S, LI W W ,et al. Life prediction of lithium thionyl chloride batteries based on the pulse load test and accelerated degradation test [J]. Quality and Reliability Engineering International, 2022, DOI:10.1002/qre.3144.

[54] SHI Y, ESCOBAR L A, MEEKER W Q. Accelerated destructive degradation test pIanning [J]. Technometrics, 2009，51(1): 1−13.

[55] 蔡忠义，陈云翔，项华春，等 . 多种应力试验下航空产品可靠性评估方法 [M]. 北京：国防工业出版社，2019.

[56] 王浩伟, 滕克难 . 基于加速退化数据的可靠性评估技术综述 [J]. 系统工程与电子技术，2017，39（12）：2877−2885.

[57] 马翔楠. 模拟电路性能退化型故障诊断方法研究 [D]. 浙江：浙江大学检测技术与自动化装置专业，2013.

[58] CHOR S R, LIM M, KIM D Y, et al. Life prediction of membrane electrode assembly through load and potential cycling accelerated degradation testing in polymer electrolyte membrane fuel cells [J]. International Journal of Hydrogen Energy, 2022, 47(39): 17379–17392.

[59] NELSON W B. Accelerated testing: statistical models, test plans and data analysis [M]. John Wiley and Sons, New York, 1990.

[60] 张恒. 基于性能退化数据的可靠性建模与评估理论研究 [D]. 南京：东南大学，2011.

[61] LU J C, MEEKER W Q. Using degradation measures to estimate a time–to–failure distribution [J]. Technometrics, 1993, 35(2):161–174.

[62] MEEKER W Q, EESOBAR L A. Statistical methods for reliability data [M]. John Wiley & Sons. New York, 1998.

[63] YU H F, TSENG S T. Designing a screening experiment for highly reliable products [J]. Naval Research Logistics, 2002, 49(2):514–526.

[64] CAREY M B, KOENIG R H. Reliability assessment based on accelerated degradation: a case study [J]. IEEE Transactions on Reliability, 1991, 40(5):499–506.

[65] TANG L C, CHANG D S. Reliability prediction using nondestructive accelerated–degradation data: case study on power supplies [J]. IEEE Transactions on Reliability, 1995, 44(4): 462–466.

[66] ZHI C, LIU J J, YUE Y. A new extrapolation method for long–term degradation prediction of deep–submicron MOSFETs [J]. IEEE

Transactions on Electron Devices, 2003, 50(5):1398–1401.

[67] DE OLIVEIRA V R B, COLOSIMO E A. Comparison of methods to estimate the time–to–failure distribution in degradation tests [J]. Quality and Reliability Engineering International, 2004, 20(4): 363–373.

[68] FREITAS M A, DE TOLEDO M L G, Colosimo E A, et al. Using degradation data to assess reliability: a case study on train wheel degradation [J]. Quality and Reliability Engineering International. 2009，25(5): 607–629.

[69] 刘合财. 退化失效线性模型及统计分析 [J]. 贵阳学院学报，2009, 4(4)：5–7, 10.

[70] CHEN Z H, ZHENG S R. Lifetime distribution based degradation analysis [J]. IEEE Transactions on Reliability, 2005, 54(1): 3–10.

[71] BAE S J，KIM S J，KIM M S, et al. Degradation analysis of nano–contamination in plasma display panels [J]. IEEE Transactions on Reliability，2008, 57(2): 222–229.

[72] BAE S J, KVAM P H. A nonlinear random–coefficients model for degradation testing [J]. Technometrics, 2004, 46(4): 460–469.

[73] PENG C Y, TSENG S T. Mis–specification analysis of linear degradation models [J]. IEEE Transactions on Reliability, 2009, 58(3): 444–455.

[74] YUAN X X, PANDY M D. A nonlinear mixed–effects model for degradation data obtained from in–service inspections [J]. Reliability Engineering and System Safety, 2009, 94(2): 509–519.

[75] 汪亚顺, 莫永强, 张春华, 等. 双应力步进加速退化试验统计分析研究——模型与方法 [J]. 兵工学报，2009, (4)：451–456.

[76] WANG W D, DAN D D. Reliability quantification of induction motors- accelerated degradation testing approach [J]. Proceedings Annual Reliability and Maintainability Symposium, 2002, 12(3): 325-331.

[77] HUANG W，DIETRICH D L. An alternative degradation reliability modeling approach using maximum likelihood estimation [J]. IEEE Translation on Reliability, 2005，54(2)：310-317.

[78] SUN Q, ZHOU J, ZHONG Z. Gauss-poisson joint distribution model for degradation failure [J]. IEEE Transactions on Plasma Science, 2004, 32(5): 1864-1868.

[79] JAYARAM J S R, GIRISH T. Reliability prediction through degradation data modeling using a quasi-likelihood approach [J]. Proceedings of Conference on Reliability and Maintainability, 2005, 12(4): 193-199.

[80] ZHAO W, XU D. Reliability prediction using multivariate degradation data [J]. Proceedings Annual Reliability and Maintainability Symposium, 2005, 337-341.

[81] 朱菡 . 基于冲击的舰炮设备可靠性建模与评估 [J]. 舰船科学技术 , 2022, 44（14）： 165-169.

[82] 李博文 , 贾祥 , 赵骞 , 等 . 面向产品可靠性评估的退化和寿命数据分步融合方法 [J]. 机械工程学报，2022, 58： 1-11.

[83] SINGPURWALLA N D. Survival in dynamic environments [J]. Thechnometrics, 1995, 10(1)： 86-103.

[84] PADGETT W J, TOMLINSON M A. Inference from accelerated degradation and failure data based on Gaussian process models [J]. Lifetime Data Analysis, 2004, 10: 191-206.

[85] KHAROUFEH J P, COX S M. Stochastic models for degradation-

based reliability [J]. IIE Transactions, 2005, 37(6): 533–542.

[86] PARK C, PADGETT W J. Stochastic degradation models with several accelerating variables [J]. IEEE Transactions on Reliability, 2006, 55(2): 379–390.

[87] TSENG S T, PENG C Y. Stochastic diffusion modeling of degradation data [J]. Journal of Data Science, 2007, 5(3): 315–333.

[88] GEBRAEEL N Z, LAWLEY M A, LI R, et al. Residual–life distributions from component degradation signals: a bayesian approach [J]. IIE Transactions, 2005, 37(6): 543–557.

[89] 冯静. 基于紧缩阈值加速退化试验的长寿命产品可靠性评估 [J]. 电子学报，2011, 39(6):1253–1256.

[90] HAIXIA K, KONGYUAN W. The evaluation method for step–down–stress accelerated dagradation testing based on inverse Gaussian process [J]. IEEE ACCESS, 2021, 9: 73194–73200.

[91] ZHOU Y F, MA J L, MATHEW J, et al. Asset life prediction using multiple degradation indicators and lifetime data: a Gamma–based state space model approach [J]. Reliability, Maintainability and Safety, 2009, 445–449.

[92] 赵放. 面向细纱机性能退化的可靠性评估模型 [J]. 西安工业大学学报，2022, 42(3)：306–316.

[93] 恩云飞, 来萍, 李少平. 电子元器件失效分析技术 [M]. 北京：电子工业出版社，2015.

[94] AMBAT R. A review of corrosion and environmental effects on electronics [D]. Denmark: Department of Manufacturing and Management Techinical University of Denmark, 2006.

[95] 黄华良 . 薄层液膜下 PCB-Cu 的腐蚀性及机理研究 [D]. 武汉：华中科技大学材料学，2011.

[96] 杨振国 . 一种面向 PCB 的全印制电子技术 [J]. 印制电路信息，2008, (9)：9-12.

[97] SCHWEIGART H, WACK H. Humidity and pollution effects on Pb-free assemblies [J]. Circuits Assembly, 2007, 18(4):34, 36-37.

[98] SONG F, LEE S W R. Corrosion of Sn-Ag-Cu lead-free solders and the corresponding effects on board level solder joint reliability [C]. 56th IEEE Conference on Electronic Components and Technology, 2006, 891-898.

[99] DANIEL M, MORTEN S J, PER M, et al. On the electrochemical migration mechanism of tin in electronics [J]. Corrosion Science, 2011, 53(10): 3366-3379.

[100] UMADEVI R, MORTEN S J, PER M, et al. Effect of no-clean flux residues on the performance of acrylic conformal coating in aggressive environments [J]. IEEE Transactions on Components, Packaging and Manufacturing Technology, 2012, 2(4): 719-728.

[101] 杨盼 . 银覆盖层电化学迁移特性研究 [D]. 北京：北京邮电大学自动化学院，2013.

[102] IPC association connecting electronics industries. IPC 9201-96 Surface Insulation Resistance Handbook [S]. Northbrook: IPC, 1996.

[103] 苏辉煌 . 环氧预浸料的储存老化及印刷电路板的湿热老化研究 [D]. 上海：复旦大学高分子科学系，2010.

[104] 谢陈难.气候环境对印制板质量的影响 [J]. 印制电路信息，2010, (4)：46–47.

[105] 蔡积庆.PWB 设计制造工艺和基材对耐 CAF 的影响评估 [J]. 印制电路信息，2003, 6：9–14.

[106] MOSHREFI–TORBATI M, SWINGLER J. Reliability of printed circuit boards containing lead–free solder in aggressive environments [J]. Journal of Material of Science: Materials in Electronics, 2011, 22(4): 400–411.

[107] BO–IN N, SEUNG–BOO J. Characteristics of environmental factor for electrochemical migration on printed circuit board [J]. Journal of Materials Science: Materials in Electronics, 2008, 19(10): 952 – 956.

[108] JOHANDER P, TEGEHALL P E, OSMAN A A, et al. Printed circuit boards for lead–free soldering: materials and failure mechanisms [J]. Circuit World 2007, 33(2): 10–16.

[109] HIENONEM R, LAHTINEN R. Corrosion and climatic effects in electronics [M]. Helsinki: VTT publications 626, 2007.

[110] HARALD W. Humidity and pollution effects on Pb–free assemblies: a study of how metallization and operating voltage influence electrochemical migration [J]. Circuits Assembly, Apr 1, 2007.

[111] LANDO D J, MITCHELL J P, WELSHER T L. Conductive anodic filaments in reinforced polymeric dielectrics: formation and prevention [C]. 17th IEEE Conference on Reliability Physics Symposium, 1979: 51–63.

[112] READY W J, TURBINI L J. The effect of flux chemistry, applied voltage, conductor spacing, and temperature on conductive anodic filament formation [J]. Journal of Electronic Materials, 2002, 31(11):1208 – 1224.

[113] RUDRA B, LI M J, PECHT M, et al. Electrochemical migration in multichip modules [J]. Circuit World, 1996, 22(1):67–70.

[114] 王毅, 张慧, 刘立国. 印制电路板绝缘性能试验与评价 [J]. 印制电路板信息, 2011, (3)：60–63,70.

[115] 马丽丽. 无卤 PCB 材料的可靠性研究 [D]. 成都：电子科技大学材料学，2011.

[116] LALL P, NARAYAN V, SUHLING J, et al. Effect of relow process on glass transition temperature of printed circuit board laminates [C]. 2012 13th IEEE Intersociety Conference on Thermal and Thermomechanical Phenomena in Electronic Systems, 2012, 261–268.

[117] READY W J, TURBINI L J, NICKEL R. A novel test circuit for automatically detecting electrochemical migration and conductive anodic filament formation [J]. Journal of Electronic Materials, 1999, 28(11): 1158–1163.

[118] DOMINKOVICS C, HARS A NYI G. Effects of flux residues on surface insulation resistance and electrochemical migration [C]. 2006 Conference Proceedings of the 29th International Spring Seminar on Electronics Technology, 2006: 206–210.

[119] 刘仁志. 离子迁移对印刷线路板绝缘性能的影响 [J]. 电镀与精饰，2001, 23(6)：8–10.

[120] 蔡积庆. 丝网印刷银线路中电化学迁移的电化学阻抗评价 [J]. 印制电路信息，2010, (2)：25–30

[121] ZHAN S，AZARIA M H, PECHT M. Reliability of printed circuit boards processed using no–xlean dlux technology in temperature–humidity–bias conditions [J]. IEEE Transactions on electronics packaging manufacturing, 2006, 29(3): 217–223.

[122] 潘河庭，江恩伟. 耐离子迁移测试方法 [A]. 第四届全国覆铜板技术市场研讨会报告论文集 [C]. 陕西西安：中国电子材料行业协会覆铜板材料分会，2003：132–134.

[123] 宁文涛，冯皓，赵钺. 印刷线路板在复合环境下的腐蚀 [J]. 环境技术，2010, 6: 30–32.

[124] 黄智伟. 印制电路板（PCB）设计技术与实践（第 3 版）[M]. 北京：电子工业出版社，2021.

[125] ZHOU Y L, LI Y, CHEN Y Y. Insulation failure mechanism of immersion silver finished printed circuit board under NaCl solution[J]. Journal of Electronic Materials, 2020, 49(3): 2066–2075.

[126] 蔡金燕. 电子装备系统性能可靠性分析与评估研究 [D]. 南京：南京理工大学，2010.

[127] 张龙，张号，周建民，等. 采用显式动力学的轴承性能退化评估指标构建 [J]. 西安交通大学学报，2022，56（08）：11–21.

[128] 邓爱民，陈循，张春华，等. 基于性能退化数据的可靠性评估 [J]. 宇航学报，2006, 27(3): 546–552.

[129] 李书明，闫明刚. 基于信息熵测度的航空发动机性能退化评

估 [J]. 航空维修与工程，2022（03）：23–26.

[130] WU I C, WANG M H, JIANG L S .Experimental location of damage in microelectronic solder joints after a board level reliability evaluation[J].Enginerring Failure Analysis，2018, 83: 131–140.

[131] YANG SHUANG, CHRISTOU A. Failure model for silver electrochemical migration [J]. IEEE Transactions on Device and Materials Reliability, 2007, 7 (1): 188–196.

[132] Requirements for Soldering Fluxes. Northbrook, IL: IPC, Jan. 2004, Joint Industry Standard, IPC J–STD–004.

[133] Surface Insulation Resistance. Northbrook, IL: IPC, Sep. 2000, IPC Publication IPC–TM–650, Test Methods Manual.

[134] VIETL R. Statistical methold in accelerated life testing [M]. Gottingan: Vandenhocck Ruprecht, 1988.

[135] 茆诗松, 汤银才, 王玲玲 . 可靠性统计 [M]. 北京：高等教育出版社，2008.

[136] GUMBEL E J. Statistics of extremes [M]. New York: Columbia University Press，1958.

[137] NELSON W. Accelerated testing: statistical model, test plans, and data analysis [M]. New York: A Wiley–Interscience Publication, John Wiley and Sons, 1990.

[138] GJB 899A–2009. Reliability testing for qualification and production acceptance [M]. Beijing: Chinese PLA General Armament Department, 2009(In Chinese).

[139] MAO S S, TANG Y C, WANG L L. Reliability statistics [M]. Beijing: Higher Education Press, 2008 (In Chinese).

[140] 戴树森, 费鹤良. 可靠性试验及其统计分析 [M]. 北京: 国防工业出版社, 1984.

[141] SIAH L. Moisture–driven electromigrative degradation in microelectronic packages [G].FAN X J, SUHIR E. Moisture Sensitivity of Plastic Packages of IC Devices. USA: Springer, 2010: 503–522.

[142] AUGIS J A, LEFEBVRE D R, TAKAHASHI K M, et al. Degradation of epoxy coatings in humid environments: the critical relative humidity for adhesion loss [J]. Journal of Adhesion Science and Technology, 1991, 5 (3): 201–227.

[143] CAPUDO A, TURBINI L J, PEROVIC D D. Design limitations related to conductive anodic filament formation in a micro–world [J]. Microsyst Technol, 2009, 15: 39–44.

[144] ZHOU Y L, ZHAO Y R, YANG L,et al. Data–driven life modeling of electrochemical migration on printed circuit boards under soluble salt contamination [J]. IEEE ACCESS, 2020, 8: 182580–182590.

[145] WANG F K, MAMO T. Hybrid approach for remaining useful life prediction of ball bearings [J]. Quality and Reliability Engineering International, 2019, 35(7): 2494–2505.

[146] HUANG H L, DONG Z H, CHEN Z Y, et al. The effects of Cl–ion concentration and relative humidity on atmospheric corrosion behaviour of PCB–Cu under adsorbed thin electrolyte layer [J]. Corrosion Science, 2011, 53(4): 1230–1236.

[147] LUNDGREN J, GUDMUNDSON P. Moisture absorption in glass–fiber/epoxy laminates with transverse matrix cracks [J]. Composites

Science and Technology, 1999, 59: 1983–1991.

[148] DING K K , LI X G , XIAO K , et al. Electrochemical migration behavior and mechanism of PCB–ImAg and PCB–HASL under adsorbed thin liquid films[J]. Transactions of Nonferrous Metals Society of China, 2015, 25(7):2446–2457..

[149] LEFEBVRE D R, TAKAHASHI K M, MULLER A J, Raju V R. Degradation of epoxy coatings in humid environments: the critical relative humidity for adhesion loss [J]. Journal of Adhesion Science and Technology, 1991, 5 (3): 201–227.

[150] TAKAHASHI K M. Conduction paths and mechanisms in FR–4 epoxy/glass composite printed wiring boards [J]. Journal of the Electrochemical Society, 1991, 138 (6): 1578–1593.

[151] TURBINI L J, READY W J. Conductive anodic filament failure: a materials perspective [C]. Proceedings of the 3th Pacific Rim International Conference on Advanced Materials and Processing, Honolulu, Hawaii, 1998: 1977–1982.

[152] LIU P C, WANG D W, LIVINGSTON E D, et al. Moisture absorption behavior of printed circuit laminate materials [J]. Advances in Electronic Packaging, 1993, 4(1): 435–442.

[153] LAHTI J N, DELANEY R H, HINES J N. The characteristic wearout process in epoxy–glass printed circuits for high density electronic packaging [C]. IEEE Proceedings of International Reliability Physics Symposium, 1979: 39 – 43.

[154] 梅长林, 周家良 . 实用统计方法 [M]. 北京：科学出版社, 2009.

[155] 第四机械工业部标准化研究所. 可靠性试验用表 [M]. 北京：国防工业出版社，1987.

[156] 林其水. 在 PCB 中离子迁移的危害与对策 [J]. 印制电路信息，2008, 5: 56–59.

[157] 茆诗松，王玲玲. 加速寿命试验 [M]. 北京：科学出版社，1997.

[158] 胡俊波，张子剑，顾奕翀，等. 具有参数漂移特征的高可靠产品加速寿命评估方法研究 [J]. 舰船电子工程，2021, 41(05): 135–138.

[159] BAIN L J, ENGELHARDT M. Statistical analysis of reliability and life testing models, theory and methods [M]. 2nd ed. New York: Marcel Dekker, 1991.

[160] 李晓阳. 加速退化试验：不确定性量化与控制 [M]. 北京：国防工业出版社，2022.

[161] 王浩伟. 加速退化数据建模与统计分析方法及工程应用 [M]. 北京：科学出版社，2020.

[162] 万伏彬. 基于加速退化数据的空间脉管制冷机可靠性评估方法研究 [D]. 长沙：国防科技大学，2019.

[163] 华丽，郭兴蓬，杨家宽. Sn–0.7Cu 焊料在覆 Cu FR–4 PCB 板上电化学腐蚀及枝晶生长行为研究 [J]. 中国腐蚀与防护学报，2010, 30（6）：469–474.

[164] BAHREBAR S, HOMAYOUN S, AMBAT R. Using machine learning algorithms to predict failure on the PCB surface under corrosive conditions [J]. Corrosion Science , 2022, DOI:10.1016/j.corsci.2022.110500.

[165] HARS A NYI G. Electrochemical processes resulting in migrated short failures in microcircuits [J]. IEEE Transactions on Components, Packaging and Manufacturing Technology A, 1995, 18(3): 602 - 610.

[166] HE X F, AZARIAN M H, PECHT M G. Evaluation of electrochemical migration on printed circuit boards with lead-free and tin-lead solder [J]. Journal of Electronic Materials, 2011, 40(9): 1921-1936.

[167] ZHOU Y L, LI Y, CHEN Y Y, et al. Life model of the electrochemical migration failure of printed circuit boards under NaCl solution [J]. IEEE Transactions on Device and Materials Reliability, 2020, 19(4): 622-629.

[168] YI P, XIAO K, DONG C F, et al. Effects of mould on electrochemical migradation behaviour of immersion silver finished printed circuit board [J]. Bioelectrochemistry, 2018, 119: 203-210.

[169] ZHAN S, AZARIAN M H, PECHT M. Reliability of printed circuit boards processed in temperature-humidity-bias conditions [J]. IEEE Transactions on Device Materials Reliability, 2008, 8(2): 426-434.

[170] 杨盼, 周怡琳. 浸银电路板上的电化学迁移实验研究 [J]. 机电元件, 2012, 32（6）: 43-47.

[171] LU C J, MEEKER W Q, ESCOBAR L A. A comparison of degradation and failure-time analysis methods for estimating a time-failure distribution [J]. Statistical Sinica, 1996, 6: 531-546.

[172] YI P, XIAO K, DING K K, et al. Electrochemical migration behavior of copper-clad laminate and electroless nickel/immersion gold printed circuit boards under thin electrolyte layers [J]. Materials (Basel), 2017, 10(2): 137, doi:10.3390/ma 10020137.